International Organization for Standardization

ISO22000 :2018
構築と運用の進め方

規格の解釈から実践まで

山口秀人　Hidehito Yamaguchi

はじめに

　私がISO22000に初めて出会ったのは、今から13年ほど前のことです。それまでまったく無縁だった私が審査員資格の研修会に参加することになり、規格の要求事項をじっくりと読む機会を得ました。しかし、この規格の要求事項は、使われている用語、言い回し、何が必要なのか、どの程度まで必要なのかという理解にたいへん労力が必要であることに気付きました。

　その後、実際にISO22000の認証審査をしたり、公開研修会で企業の皆さまに講義をする機会があり、どのような点が理解しにくく、規格の解説をする場合、どのように説明するとわかっていただけるかを、この数十年間の経験で理解することができました。

　今回、ISO22000の規格が改定された機会に、「規格が何を要求しているか」「規格要求事項の意図」を実際の例で示すことにより、規格が要求している内容をイメージしていただけるのではないかと考えました。そこで、ムダな労力をかけずに構築・運用していただくために、可能な限り現場に近い視点・内容で説明するよう心がけました。食品安全マネジメントシステム（以下、FSMS）を構築・運用されている企業、これから構築・運用したいとお考えの担当者を後押しできる内容となっております。

　「ISO9001の認証を取得し、日々改善に努力しているが、なかなか不良率もクレームも減らない」といったお悩みを持っておられる食品工場はたくさんあります。どこが問題なのでしょうか？ これまでの経験上から、私は食品工場で起きる品質問題の9割は前提条件プログラム（以下PRP）に関するものだと考えています。これを疎かにしてはいけません。

　PRPの明確化は、これまで日本の食品業界ではほとんど行われて来なかった部分です。それだけに、ISO22000を使ってFSMSを食品工場が取り組むことで、PRP強化による大きな効果が期待できるの

ではないかと考えています。

　マネジメントシステムは本来、経営者のための道具であり、仕組みです。したがって、経営者は強い意思を持って、マネジメントシステムを通じて会社として何をしたいのかを明確にすることが責務です。これは、ISO22000だけでなく、ISO9001やISO14001など、どのISOマネジメントシステムについても言えることでしょう。

　会社によって目指すべきゴールは異なります。たとえば、ISO22000によって「組織の衛生管理の基盤を強化したい」「構築を通じて従業員の衛生レベルを向上させたい」「対外的に食品安全をアピールしたい」などがあるでしょう。これに対して、ここでは期待できる効果として3つあげています。

　まず「食品安全に関するリスクを最小限に抑えることが可能」であることです。法規制を守る方向とコラボレーションしていますし、ハザード分析をすることで、自らのリスクがどのような状況にあるのかがわかります。

　次に「組織全体の食の安全への意識が向上する」ことです。組織の志気が向上し、仕組みを構築・運用していく中で人が育ちます。

　最後に「食品安全への取組みを対外的にアピールできる」ことです。認証取得は、世界に通用する企業であるとのお墨付きをもらったことになります。今後のTPPやアジアの食の動きから見ても、国際的に認知された認証を取得する意義は大きいでしょう。

　もともとISOによるマネジメントシステムには、事業を次の世代に継続していく、すわなち「事業継続」という考え方が根底にあります。したがって、目先の効果ではなく、経営の足腰を強くするといった効果をねらっています。FSMSに取り組むことで、「売上が上がる」「利益が出る」「生産性が向上する」「取引先が増える」といった直接的な効果が出ることは、あまり期待できません。

　では、食品会社が国際的に認知されたFSMSの構築・運用に取り組むメリットは何でしょうか？　それを考える際の参考になるのが、

GFSI *が掲げている4つのミッションです。ここでは、GFSIの目的として「食品安全マネジメントシステムを継続的に改善し、世界中の消費者に安全な食品を提供する際の信頼を確実にする」とし、「食品安全におけるリスクの低減」「コスト効率の向上」「技量、力量の開発と能力の構築」「知識の交流・共有とネットワークづくり」の4項目をあげています。たとえば、食品事故の発生というリスクを低減し、不良品をつくらず、コストパフォーマンスを上げることでコスト効率を向上することができます。

「不良品をつくらないことなら、ISO9001でもできる」という反論もあるでしょう。しかし、ISO9001の認証を取っておられる食品工場で、「不良率が下がらない」「クレームが低減できない」と悩んでおられた企業が、ISO22000に取り組んだところ、「今まで見つからなかった不具合が見つかるようになった」というケースを、私は数多く見聞きしています。なぜなら、ISO9001の品質マネジメントシステム（以下、QMS）に取り組んでおられる企業の多くは、「何か問題が起きたらそれを是正する」ということを繰り返し、「問題が発生する前に処置をする」すなわち予防処置にはあまり力を入れておられないからです。一方、FSMSは予防処置に注力します。しかも、QMSという品質全般向けのスペックではなく、食品安全分野に絞ったスペックで詳細に取り組むことになります。この差は非常に大きくなります。

GFSIが掲げる「コスト効率の向上」も、単なる謳い文句ではなく、実際に品質事故やそれに伴う商品回収を未然に防いでいるコスト効果は、はかりしれないものがあります。経営者や管理者には、この点をよくご理解いただきたいと思います。

ここで、経営者や管理者にぜひご認識いただきたい2つの重要なデータを紹介しておきましょう。1つは、国内における食品事故の件数が、年によって少々増えたり減ったりしてはいるものの、ここ6年くらいはほぼ横ばいであることです。食品問題がこれだけマスコミで取り沙汰され、その対策が要請されているにもかかわらず、事故件数

は減少していません。そして、もう1つの重要なデータは、2015年に内閣府が実施した「消費者行政の推進に関する世論調査」で、「どの分野の消費者問題に対して関心がありますか?」という問いに対し、「食品の安全性について」(64.8%)がダントツで第1位だったことです。ちなみに第2位は「偽装表示などの偽りの情報について」(58.7%)ですから、日本の消費者の関心事の第1・2位は食品に関する内容なのです。

　この2つの傾向から、食品安全対策としてFSMSの構築・運用が急務であり、食品安全が消費者にとってもっとも大きな関心事であることを、経営者や管理者はきちんと理解しなければなりません。その上で、ISO22000で何を目指すべきかを考えるべきなのです。そして、この規格に沿って食品安全マネジメントシステムを構築・運用することで、今まで以上に安全で消費者から愛される商品を永く提供していただきたいと思います。

2019年5月

山口 秀人

＊GFSI（グローバル・フード・セーフティ・イニシアチブ）：世界中の小売業やメーカー、フードサービス業、ならびに食品サプライチェーンに関わるサービス・プロバイダーから 業種を超えて食品安全専門家達が集まり、協働して食の安全に取り組んでいる組織であり、現在、食品安全に関する10の認証スキームを承認している。

ISO22000：2018 構築と運用の進め方
規格の解釈から実践まで

CONTENTS

はじめに ……………………………………………………………………………… 3

第1部　ISO22000：2018の基礎知識

第1章　ISO22000とは

1 ISO22000規格制定の背景と特色 …………………………………… 18

2 ISO22000：2005規格の概要 …………………………………………… 22

(1) 規格の概要 …………………………………………………………… 22

(2) 規格の構成 …………………………………………………………… 22

(3) キーとなる4つの要素 ……………………………………………… 22

(4) ISO22000：2005規格の特長 ……………………………………… 29

(5) ISO22000：2005に関連する規格のいろいろ ………………… 31

第2章　HACCPとは、FSSC22000とは、ISO22000との関係

1 HACCPとは …………………………………………………………………… 34

(1) HACCPの沿革 ……………………………………………………… 34

(2) HACCPシステムの3つのポイント ………………………………… 34

(3) 従来方式との違い …………………………………………………… 35

(4) 導入のメリット ……………………………………………………… 36

2 FSSC22000について ……………………………………………………… 37

(1) FSSC22000の概要 ………………………………………………… 37

(2) FSSC22000認証を取得するメリット …………………………… 42

第3章　ISO22000の改定、変更

1 改訂のポイント ……………………………………………………………… 44

(1) 改定の共通事項 ………………………………………………………… 44

(2) 品質マネジメントシステムとその他の規格の関係性 ………………… 44

(3) 改定の変更点 …………………………………………………………… 45

第2部　構築・運用の具体的な進め方

第4章　構築（1）　準備段階

1 トップマネジメントによるキックオフ宣言と活動目的の
主旨説明 …………………………………………………………………… 60

2 食品安全チーム編成と組織・役割の確認 ……………………………… 61

(1) 食品安全チームリーダーとチーム編成 ……………………………… 61

(2) 食品安全チーム・事務局の役割 ……………………………………… 63

(3) 食品安全チームリーダーの責任と権限についての事例 …………… 65

(4) 食品安全チームの責任と権限 ………………………………………… 66

3 食品安全方針の制定 ……………………………………………………… 67

(1) 事例1 …………………………………………………………………… 68

(2) 事例2 …………………………………………………………………… 68

(3) 事例3 …………………………………………………………………… 69

(4) 事例4 …………………………………………………………………… 70

(5) 事例5 …………………………………………………………………… 70

4 規格要求事項の内容の正確な理解 ……………………………………… 71

(1) 組織の中で、誰がどのような役割分担で活動するのか …………… 72

(2) 何が要求されているか ………………………………………………… 72

(3) 事例1 …………………………………………………………………… 75

(4) 事例2 …………………………………………………………………… 76

(5) 箇条1の適用範囲 ……………………………………………………… 76

（6）箇条3 用語及び定義 ……………………………………………… 77
（7）箇条4〜箇条10の構造 …………………………………………… 80
（8）すべてを実施すべきか …………………………………………… 81

第5章　構築（2）　社内の食品衛生管理における現状把握の正しい方法

1 業務内容・組織体制や現行の文書・記録類の体系を確認する … 114

2 関連する法令・規制要求事項のまとめ ……………………………… 117
（1）品質保証課の役割 ………………………………………………… 117
（2）法規制情報収集と提供処置手順 ………………………………… 117
（3）法規制情報への対応と処置 ……………………………………… 117

3 必要なコミュニケーション …………………………………………… 119
（1）内部コミュニケーション ………………………………………… 119
（2）外部コミュニケーション ………………………………………… 122
（3）緊急事態への準備と対応の方法 ………………………………… 123
（4）トレーサビリティと製品回収手順の作り方 …………………… 124
（5）適切な表示の重要性 ……………………………………………… 129

第6章　構築（3）　前提条件プログラムの整理

1 前提条件プログラム（一般的衛生管理プログラム）とは ……… 132
（1）なぜ前提条件プログラムが必要とされるのか ………………… 132
（2）前提条件プログラムの位置づけ ………………………………… 133

2 前提条件プログラムの対象となる事項 …………………………… 135
ハード面 …………………………………………………………………… 135
（1）建物や関連施設の構造と配置
【施設や環境に関する基本的な要求事項】……………………… 135
（2）作業空間や従業員施設を含む構内の配置【施設や設備の整備】 140
（3）空気、水、エネルギーやその他のユーティリティの供給源
【蒸気、水、空気、圧縮空気などのユーティリティ管理】………… 141

（4）廃棄物や排水処理などの支援業務【廃棄物の管理方法】……………146

（5）装置の適切性、清掃、洗浄、保守、予防保全のしやすさ

【設備・機械器具の要件、保守点検と衛生管理】………………148

ソフト面……………………………………………………………150

（1）購入資材、廃棄、製品の取扱い管理【購入材料の管理方法】………150

（2）交差汚染の予防手段

【異物混入対策、温度管理の必要性、交差汚染の予防方法】………151

（3）清掃・洗浄、殺菌・消毒の手順

【清掃などに関する基本的な要求事項、洗浄・殺菌と消毒】………154

（4）鼠族・昆虫の防除管理

【鼠族・昆虫の管理プログラム、鼠族・昆虫の防除方法】…………160

（5）要員の衛生

【従業員の衛生と施設の衛生管理、従業員の衛生教育と衛生管理】……164

（6）製品の表示などの消費者への情報提供

【製品の表示や情報開示のしかた】…………………………………176

その他の側面………………………………………………………176

（1）製品や工程の試験検査やモニタリングに用いる機械器具の

保守点検…………………………………………………………176

（2）製品の手直し…………………………………………………178

（3）倉庫保管のしかた……………………………………………179

第7章　構築（4）　HACCPツールによる自己診断と整理方法

1 ハザードとは………………………………………………………182

2 ハザードにつながる3種類の原因物質………………………………182

3 生物学的ハザード…………………………………………………184

（1）微生物の種類…………………………………………………185

（2）微生物が増殖する要素………………………………………186

（3）HACCPシステムのコントロールで注意すること………………186

4 化学的ハザード……………………………………………………187

CONTENTS

（1）生物由来の天然化学的ハザードの原因物質 ……………… 188

（2）人為的に添加される化学的ハザードの原因物質 …………… 189

（3）偶発的に存在する化学的ハザードの原因物質 ……………… 189

5 物理的ハザード ………………………………………………… 191

6 ハザード分析の目的 …………………………………………… 194

7 ハザード分析の注意点 ………………………………………… 194

（1）ハザード分析の注意点 ……………………………………… 194

（2）HACCPは7原則・12手順が基本 ………………………… 196

8 ハザード分析のための前段階
（HACCPシステムの計画を作成する準備段階） …………… 196

9 5つの手順の留意点とISO22000：2018との関係 ………… 198

（1）［手順1］食品安全（HACCP）チームの編成 ……………… 198

（2）［手順2］製品の記述（対象食品の明確化） ……………… 199

（3）［手順3］意図する用途および対象となる消費者の確認 …… 201

（4）［手順4］フローダイアグラム（製造加工工程一覧図）の作成 …… 201

（5）［手順5］フローダイアグラムを現場において確認 ………… 207

10 7つの基本原則の留意点とISO22000：2018との関係 …… 208

（1）7つの原則 …………………………………………………… 210

（2）ハザード分析（食品ハザードの特定〜管理手段選択）の
具体的な手順 ………………………………………………… 211

（3）ハザード分析リストの書き方 ……………………………… 216

（4）原則の相互関係 ……………………………………………… 236

第8章　構築（5）　不具合品の取扱い方法

1 ハザード管理プラン（HACCPプランとOPRPプラン）に
関する不具合品の取扱い ……………………………………… 240

（1）修正 …………………………………………………………… 240

（2）是正処置 ……………………………………………………… 240

（3）製品のリリース対応 ………………………………………… 241

2 他の不適合品の種類と対応 …………………………………… 241

第9章 構築（6） 検証方法の確認

1 検証活動の計画（目的、方法、頻度、責任）を規定する ……… 244

2 HACCPシステム全体の検証 ……… 245

3 HACCPシステムの妥当性の確認 ……… 247

4 検証に用いる試験検査法、検体の採取方法 ……… 248

第10章 構築（7） 新たな対応手順

1 会社を取り巻く内外の状況のとらえ方 ……… 252

　（1）箇条と要求事項 ……… 252

2 課題設定及び目標の設定と計画設定について ……… 254

3 構築すべき内容のボリュームを把握する ……… 254

4 規格が要求している文書や記録との照合作業の方法を理解する … 257

5 ISO22000文書の作成や改定 ……… 260

第11章 運用

1 全体の運用開始と必要な期間 ……… 262

2 個別の運用とその見極め ……… 262

3 暫定的な運用と改良による決定方法 ……… 263

4 記録の目的と維持方法 ……… 265

5 運用の点検ポイント ……… 266

第12章 振返り

1 マネジメントシステム検証結果の分析と評価の方法 ……… 268

　（1）HACCPシステムの検証結果の分析と評価 ……… 268

　（2）マネジメントシステム全体の検証結果の分析 ……… 269

CONTENTS

2 内部監査員と監査体制 ……………………………………………… 270

3 内部監査の計画の立て方 ……………………………………………… 274

4 内部監査チェックシートの作成方法 ………………………………… 276

5 内部監査実施上の注意点 ……………………………………………… 307
   （1）準備 …………………………………………………………… 307
   （2）監査実行 ……………………………………………………… 307
   （3）証拠の記録 …………………………………………………… 311
   （4）報告 …………………………………………………………… 312

6 内部監査自体のレビュー ……………………………………………… 312
   （1）お互いの監査を評価し合い、内部監査のPDCAを回す ………… 312
   （2）内部監査員のスキルアップ ………………………………… 313

7 内部監査で発見された不適合事項の改善 ………………………… 314

8 マネジメントレビューの進め方 …………………………………… 315

第**13**章 改善と更新

1 改善を必要とする項目の明確化 …………………………………… 320

2 マネジメントシステムを更新する機会とその方法 ……………… 321

第**14**章 外部監査（審査）と認証

1 認証監査を受ける姿勢についての注意点 ………………………… 324
   （1）外部監査 ……………………………………………………… 324
   （2）認証機関の選択 ……………………………………………… 325

2 第1段階監査の準備に必要な事項 ………………………………… 326

3 第1段階／第2段階監査での指摘と是正処置及び改善の仕方 … 327

4 認証維持の注意点 …………………………………………………… 328

5 定期監査と更新監査の違い ………………………………………… 329

第1部
ISO22000:2018の基礎知識

PART 1

第1章

ISO22000とは

ISO22000とは、国際標準化機構（ISO）が発行した食品マネジメントシステム（FSMS）の国際標準規格です。2005年に発行し、2018年に改定されました。危害発生の防止・検証・監視・改善といったプロセスの総合的な管理に役立つ規格です。

ISO22000規格制定の背景と特色

　ISO22000とは、国際標準化機構（ISO）が発行した食品安全マネジメントシステム（FSMS：Food Safety Management Systems）の国際標準規格です。

　正式名称は「食品安全マネジメントシステム：フードチェーンのあらゆる組織に対する要求事項」であり、食品の生産から加工・販売に至るまで、あらゆる段階の組織に適用が可能です。

　このISO規格は、食品を製造する企業と食品に関連する企業がHACCPシステムを活用して食品の安全性を確保するために制定されました。

　HACCPとは、Hazard Analysis and Critical Control Point：危害発生要因分析及び最重要管理点の頭文字を取ったもので、食品の衛生管理手法の国際標準です。1960年代、米国のピルズベリー社が宇宙食の安全確保のために構築したことが始まりです。

　当初は広く普及しなかったHACCPでしたが、1980年代に入るとその内容が再評価され始めます。すると、食品の国際規格を策定するための合同食品規格計画を推進するコーデックス（CODEX）委員会がこれに注目し、国際的な導入を推進するようになります。

　1993年、コーデックス委員会はHACCPシステム導入のための指針「食品衛生の一般原則の規範」を発行しました。この指針において、食品のハザード（危害発生要因）は、管理する上で生物的、化学的、物理的の3つに分類され、HACCP適用の7原則、12手順が考案されました。

　しかし、国際化・複雑化が進む食品の製造・流通において、視覚・嗅覚・味覚などの個人の感覚に頼った管理方法では、十分に対応することができません。また、食品に関係した事故は作業者のカン違いや

工程の不備に起因することが多く、設備投資による防止には限界があるとされています。

何より、食品の安全性は消費者の生命と健康に直接関わるため、社会的な要求が高いものになります。

そうした背景のもと、国際商取引円滑化のための国際標準化（ISO）で、ISO9001でHACCPを活用するガイドライン、すなわち「ISO15161：2001食品・飲料産業への適用に関する指針」が制定されました。しかし、食品の安全性を確保する観点から、ISO15161だけでは不十分という意見がデンマークから出て、食の安全を主眼とする独自の規格制定が望まれました。その結果、ISO22000：2005が2005年9月1日に発行されたのです（**図表1-1**）。

したがって、ISO22000は、品質マネジメントシステムの国際標準規格ISO9001に適正製造規範（GMP = Good Manufacturing Practice）やHACCPなどの食品安全マネジメントシステムに関する規範・手法を組み合わせて定められており、危害発生の防止・検証・監視・改善といったプロセスの総合的な管理に役立ちます。

┃図表1-1　HACCPの歴史とISO22000：2005発行までの経緯

年　代	経　緯
1960年代	米国のアポロ計画で宇宙食を担当したビルズベリー社は、宇宙食から食中毒性細菌や毒素の問題をなくすためには、最終製品の検査ではもはや要求される安全性を達成できないことから、NASA、陸軍ナティック技術開発研究所と共同でHACCPの概念を導入して宇宙食の製造管理を目指した
1971年	ビルズベリー社がHACCPの具体的概念を、第1回National Conference in Food Protectionで発表した

第1章　ISO22000とは

年　代	経　緯
1973年	アメリカ食品医薬局（FDA）で低酸性缶詰めのGMPを取り入れた。これは危害の発生原因として、ボツリヌス菌と缶の巻締め不良による汚染の2つを想定した基準であった。一部の大企業で自主管理の手法として取り入れられたが、広く普及するには至らなかった
1985年	National Academy of Scienceから出された勧告で、HACCPによる予防的なシステムが微生物学的な危害発生要因（ハザード）のコントロールにおいては必須であることが示され、この勧告で再びHACCPが脚光を浴び始めた
1987年	米国農務省食品安全検査局（USDA／FSIS）、米国商務省海洋漁業局（UADC／NNFS）、米国厚生省食品医薬品局（FDA）、陸軍Natick技術開発研究所、大学、民間からなる食品微生物基準諮問委員会（NACMCF）が設置され、HACCPに関する検討が加えられる
1988年	国際微生物規格委員会（ICMSF）の勧告に基づき、WHOが食品国際規格にHACCPの概念を導入した
1989年	食品微生物基準諮問委員会（NACMCF）からHACCPに関する指針が公表される
1991年	EC指令：水産物HACCP規制
1992年2月	カナダ漁業商務省が、世界で初めてHACCPベースのQuality Management Programeを実施した
1992年	食品微生物基準諮問委員会（NACMCF）からHACCPに関する指針改定 日本：HACCPに基づく食鳥処理場の衛生管理マニュアル作成
1993年6月	EUが全品目についてHACCP適用指令を発した
1993年7月	FAO／WHO合同食品規格諮問（コーデックス：CODEX）委員会は、衛生管理手法としてHACCP導入を要求に推進すべきとの認識のもと、導入の際の国際的ハーモナイゼーションを図るため、HACCP適用のためのガイドラインを示した

年　代	経　緯
1995年10月	日本：食品衛生法改正により総合衛生管理製造過程承認制度の創設（任意制度）を決定した。対象製品は、乳・乳製品、食肉製品、清涼飲料水、魚肉練り製品、容器包装詰加圧加熱殺菌食品FDA：魚介類及びその加工品に関する衛生規制の制定
1997年	FAO／WHO合同食品規格諮問（コーデックス：CODEX）委員会：HACCP適用のためのガイドラインが国際指針となる
1998年7月	食品製造過程の管理高度化に関する臨時措置法（HACCP支援法）を施行
2001年11月	ISO9001に基づくISO15161（食品及び飲料産業におけるISO9001：2000適用のためのガイドライン）規格を策定した。デンマークが食品の安全管理を対象とした新たな規格を提案（新規作業項目）、ISO20543として規格策定が承認され、後に規格の重要性から規格番号をISO22000に変更した
2003年	FAO／WHO合同食品規格諮問（コーデックス：CODEX）委員会：HACCP適用のためのガイドライン改定、ISO22000を委員会案（CD）への投票
2004年	EC規制：食品衛生規則の中にHACCPを導入した。ISO22000を国際規格案（DIS）への投票、最終規格案（FDIS）への検討過程で付属書をISO／TS22004として独立させた
2005年9月	ISO22000：2005を発行した ISO／TS22004（食品安全マネジメントシステム–ISO22000：2005適用のための指針）
2006年1月	EU規制により、すべての食品のHACCPが義務化される
2007年2月	ISO／TS22003（食品安全マネジメントシステム–食品安全マネジメントシステムの審査及び認証を行う機関に関する要求事項）を発行した
2007年11月	ISO22005（飼料及びフードチェーンにおけるトレーサビリティシステムの設計及び実施のための一般原則及び基本要求事項）を発行した

ISO22000：2005規格の概要

(1) 規格の概要
　この規格は、安全な製品をつくるための管理手段であるHACCPシステムに、ISO9001で用いられている継続的な改善の機能を付加した規格です。規格の骨格はおおむねISO9001と同一であり、企業がこの規格を利用する際にISO9001と両立できるように配慮しています。

(2) 規格の構成
　第1章：適用範囲
　第2章：引用規格
　第3章：用語と定義
　第4章：食品安全マネジメントシステム
　第5章：経営者の責任
　第6章：資源の運用管理
　第7章：安全な製品の計画と実現
　第8章：食品安全マネジメントシステムの妥当性の確認、検証および改善

　食品安全マネジメントシステムを構築しようとしている企業が実施しなければならない（規格要求）事項は第4～8章に規定しており、第7章がHACCPシステムに関する要求事項です。

(3) キーとなる4つの要素
　ISO22000：2005規格の序文には、「食品安全ハザードの混入はフードチェーンのあらゆる段階で起こり得るため、フードチェーン全体での適切な管理が必須である」としています。
　フードチェーンに属する組織は、飼料生産者、一次生産者から食品

図表1-2　ISO22000の要素

　製造業者、輸送及び保管業者並びに下請負契約者、さらに小売業及び食品サービス業（装置、包装材料、洗浄剤、添加物及び材料の製造業者など、相互関係にある組織も含む）にまで及びます。また、サービス提供者も含まれます。

　ISO22000：2005規格は、最終消費に至るフードチェーンに沿った食品安全を確保するために、一般に認識されている4つの主要素を組み合わせた食品安全マネジメントシステムに対する要求事項を規定しています（**図表1-2**）。

① 相互コミュニケーション
② システムマネジメント
③ 前提条件プログラム
④ HACCP原則

では、4つの主要要素について説明していきます。

①相互コミュニケーション

　関連する食品安全ハザードのすべてを明確にして、これらをフードチェーン内のそれぞれの段階で適切に管理するには、フードチェーンに沿ったコミュニケーションが必須となります。これは、フードチェーン内の上流と下流双方における組織間のコミュニケーションが対象となります（**図表1-3**）。

図表1-3　要素1：相互コミュニケーション

・組織内での食品安全の情報伝達＝「報・連・相」
・他の組織（仕入先、加工委託先・協力会社、顧客・消費者、監督官庁）とのコミュニケーション

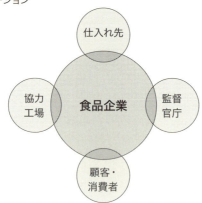

　明確にされたハザード及び管理手段について、顧客及び供給者とコミュニケーションをとることで、顧客及び供給者の要求事項（たとえば、これらの要求事項の実現可能性や必要性、最終製品へのそれらの影響）が明らかになります。最終消費者に安全な食品を届けるために、フードチェーン全体を通じた効果的な相互コミュニケーションを確実に実施するには、フードチェーン内における組織の役割や立ち位置を認識することが重要です。

②システムマネジメント

　従来のHACCPだけでは、必ずしも食品安全に対する十分な機能を果たしていなかったのはなぜでしょうか。この疑問に答えるとすると、HACCPの手法にはマネジメントの仕組みの概念がないからです。つまり、Plan-Do-Check-Actのエンジンがないと考えてもらえればよいと思います。

　もっとも効果的な食品安全システムは、構築されたマネジメントシステムの枠組みの中で確立されて、きちんと実行して、必要に応じた

更新をして、組織の全体的なマネジメント活動につながっていきます（図表1-4）。これにより、組織や利害関係者に最大の便益をもたらします。

ISO22000：2005規格は、ISO9001との両立性を高めるように構成されています。また、他のマネジメントシステム規格から独立して適用することもできます。その実施は、既存の関連するマネジメントシステムの要求事項と合致させたり、統合したりすることもできます。つまりこの規格の要求事項に適合させるために既存のマネジメントシステムを活用することも許されています。

図表1-4　要素2：システムマネジメントの考え方

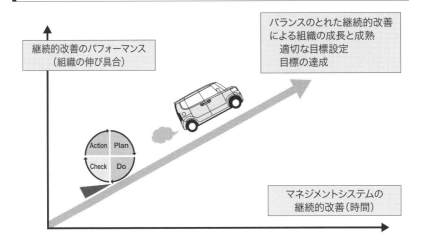

③前提条件プログラム

前提条件プログラムとは、一般的衛生管理プログラムとも呼ばれています。衛生的作業環境を維持することにより、HACCPシステムの導入を一層容易なものにして、その効果を高めるために、整備しておくべき衛生管理の基礎として不可欠な要件です。

コーデックス委員会では、食品の安全性確保は、まず衛生的な食品取扱環境の確保が基本であるということから、安全で良質な原材料の

確保を含めた「食品衛生の一般的原則の規範」を示し、この内容を
HACCPシステム適用の前提条件プログラムと位置付けています。

コーデックス委員会の「食品衛生の一般的原則」8要件は、次のと
おりです。

1：一次生産（原材料の生産）

2：施設：設計および設備

3：食品の取扱い管理

4：施設：保守管理および衛生管理

5：食品従事者の衛生

6：食品の搬送

7：製品の情報および消費者の意識

8：食品従事者の教育・訓練

ISO22000：2005規格では、これを前提条件プログラム（PRP：
Prerequisite Program）と称し、次の項目を確立し実施し維持するこ
とを要求しています（**図表1-5**）。

なお日本では2004年に、厚生労働省がコーデックス委員会の「食
品衛生の一般的原則の規範」の内容などを参考に「食品等事業者が実
施すべき管理運営基準に関する指針（ガイドライン）」を示し、一般
的衛生管理プログラムについて国際的調和を図っています。

ハード面

- 建物及び関連設備の構造並びに配置
- 作業空間及び従業員施設を含む構内の配置
- 空気、水、エネルギー及びその他のユーティリティの供給源
- 廃棄物及び排水処理を含めた支援業務
- 装置の適切性、並びに清掃、洗浄、保守及び予防保全のしやすさ

ソフト面

- 購入した資材（たとえば原料、材料、化学薬品、包装材）、供給
  品（たとえば水、空気、蒸気、氷）、廃棄（たとえば廃棄物、排
  水）及び製品の取扱い（たとえば保管、輸送）の管理

図表1-5　要素3：前提条件プログラム（ISO22000：2005）

第1章

具体的な内容の記載はなく、組織の規模・業態・取扱い製品によって異なる

a）建物及び関連施設の構造並びに配置
b）作業空間及び従業員施設を含む構内の配置
c）空気、水、エネルギー及びその他のユーティリティの供給源
d）廃棄物及び排水処理を含めた支援業務
e）設備の適切性、並びに清掃・洗浄、保守及び予防保全のしやすさ
f）購入した資材（たとえば、原料、材料、化学薬品、包装材）、供給品（たとえば、水、空気、蒸気、氷）、廃棄（たとえば、廃棄物、排水）及び製品の取扱い（たとえば、保管、輸送）の管理
g）交差汚染の予防手段
h）清掃・洗浄及び殺菌・消毒
i）有害生物［そ(鼠)族など］の防除
j）要員の衛生
k）適宜、その他の側面

- 交差汚染の予防手段
- 清掃・洗浄及び殺菌・消毒
- 有害生物［そ(鼠)族、昆虫等］の防除
- 要員の衛生

適時、その他の側面

上記の内容に含まれていない社内ルールが対象となります。

④HACCP原則

HACCPは正確なハザードを明確にして管理する方法を決定して維持する手法ですから、この方法を用いる優位性を主眼においています。

ISO22000：2005規格では、HACCPの7原則、12手順の考え方をそのまま要求事項としており、食品安全マネジメントシステムを確立するには、HACCPの考え方が極めて効果的であることを示しています（**図表1-6**）。

図表1-6　要素4：HACCPの原則とシステムのイメージ

▶ HACCP＝危害要因分析・重要管理点

H azard（ハザード又は危害要因）
A nalysis（分析）
C ritical（重要又は必須）
C ontrol（管理）
P oints（点）

従来の最終製品の抜取り検査による合否判定ではなく
工程のパラメーター監視による管理による製品保証

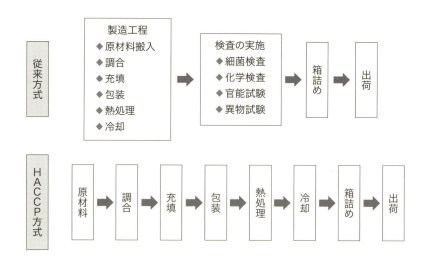

| 図表1-7　Plan-Do-Check-Act（計画-実行-検証-継続的改善の措置）|

PDCAサイクルを使うことが原則

(4) ISO22000：2005規格の特長

①PDCAサイクル

　食品の安全性と品質を支えるために、従業員全体で行う重要な
PDCAサイクルを**図表1-7**に示しました。この活動は特別なものでな
く、すべての会社で行える品質管理手法です。

　品質管理活動は、計画（Plan）、実行（Do）、検証（Check）、改善
措置（Act）の頭文字をとったPDCAサイクルです。品質管理活動で
は、製品の安全性、品質向上、効率的生産活動などにおいてPDCA
サイクルをもとに継続的に改善を行い、より良い品質管理活動をする
ように努力することが必要です。

　従来は、**図表1-8**のように食品衛生管理の土台となる前提条件プロ
グラムに頼って、安全な食品を製造・販売してきました。しかし、こ
の領域が広いことにより、管理のメリハリを見極めるために、
HACCPという診断の道具を使用して自分たちで危害に直結する工程
などを明らかにし、集中的に管理するようになってきました。一方
で、改善するために必要なPDCAのスパイラルを回すエンジンがな
いことから、食品安全マネジメントシステムを採用することが必要と
されています。

図表1-8　安全な食品を製造するための道具としくみ

　ISO22000：2005は第三者監査により認証できる規格なので、すべての食品関連組織で取り組むことが可能です。もうすでにISO9001を取得している組織では、食品安全リスク回避を強化するために、リスクマネジメントの道具としてISO22000：2005を活用することができます。

②ISO22000導入による期待できるメリット

　技術的、科学的な根拠に基づく管理をして製品を保証する考え方ですから、次のようなメリットが考えられます。

- 食品安全に関するリスクを最小限に抑えることが可能
- マネジメントシステムの範囲内で食品安全を明確にフォーカスされているので、リスク管理及び法令遵守のシステムが定着し、強化できる
- 食品安全の法規の遵守を強調している
- 製品に影響を与える原料、材料、副資材及び製品に接触する材料などの食品安全ハザードを分析することができる
- 組織全体の食の安全への意識が向上する
- トップマネジメントは食品安全に関する方針を明確にすることが

でき、外部・内部のコミュニケーションにより信頼性が高まる

- トップマネジメントは組織に方針を説明し、組織全体で食品安全に関する運用の周知徹底を行うことができる
- 教育システムが確立され、重要な要員は確実な業務遂行ができ、社員全体のスキル向上が期待できる
- 食品安全への取組みを対外的にアピールできる
- 国際的に認知された食品安全に関する規格であるISO取得によるアピールができるため、システムに取り組んでいない組織よりもイメージアップが期待できる
- ISO取得による安心感から、これまでまったく取引がなかった会社へのアプローチが容易になる
- 今後、食品安全の世界的な指標となる

(5) ISO22000：2005に関連する規格のいろいろ

ISO22000の関連規格は、**図表1-9**のとおりです。ISO22000を導入するに当たって、関連規格を正確に理解しておく必要があります。

図表1-9　ISO22000の関連規格

規格番号	ISO規格名称・JIS規格名称	規格の概要
ISO22000	食品安全マネジメントシステム フードチェーンの組織に対する要求事項	HACCPにISO9001の要求事項の一部を取り入れた
ISO/TS22002-1：2009	食品安全のための前提条件プログラム-第1部：食品製造	食品製造業者を対象とした、ISO22000：2005のPRPに関する技術仕様書。PAS220：2008がもとになっている

ISO/TS22002-4 ：2013	食品安全のための前提条件プログラム−第4部：食品容器包装の製造	食品容器包装の製造業者を対象とした、ISO22000：2005のPRPに関する技術仕様書。PAS223：2011がもとになっている
ISO/TS22002-3 ：2011	食品安全のための前提条件プログラム−第3部：農業	農業従事者を対象とした、ISO22000:2005のPRPに関する技術仕様書
ISO/TS22002-2 ：2013	食品安全のための前提条件プログラム−第2部：ケータリング	ケータリング業者を対象とした、ISO22000：2005のPRPに関する技術仕様書
ISO/TS22002-6 ：2016	食品安全のための前提条件プログラム−第6部：動物飼料製造	動物飼料製造業者を対象とした、ISO22000：2005のPRPに関する技術仕様書。PAS222：2011がもとになっている
ISO/TS22003	食品安全マネジメントシステム−食品安全マネジメントシステムの審査及び認証を行う機関に関する要求事項	ISO22000の認証を行う監査機関の要件を定めることを目的とした技術仕様書。2007年2月に発行した
ISO/TS22004	食品安全マネジメントシステム− ISO22000：2005適用のための指針	ISO22000の各条について一般的な解説や留意点を示した技術指針。追加的な要求事項は記載されていない。2005年11月に発行した
ISO22005	飼料及びフードチェーンにおけるトレーサビリティシステムの設計及び実施のための一般原則及び基本要求事項	ISO22519からの変更飼料及びフードチェーンを対象としたトレーサビリティシステム構築のための要求事項。2007年7月に発行した
ISO22006	品質マネジメントシステム−作物生産へのISO9001：2008の適用に関する指針	農業へのISO9001：2008の適用を示したガイドライン、2009年に発行した

第2章

HACCPとは、FSSC22000とは、ISO22000との関係

HACCP（ハザード分析及び重要管理点）は、ハザード分析（HA）と重要管理点（CCP）の監視からなる食品衛生の管理手法です。また、FSSC22000は、食品安全の認証スキームとして承認されました。これらとISO22000の関係について解説します。

HACCPとは

食品衛生管理を保つ方法として、従来からHACCP（ハザード分析及び重要管理点）の手法が多く使われています。まずは、あらためてHACCPとはどのようなものかについて説明します。

(1) HACCPの沿革

HACCPは、1960年代、米国のピルズベリー社が宇宙食の安全確保のために構築しました。アポロが月をめざしていた時代のことです。宇宙食の管理にはある問題がありました。宇宙に持っていく食料すべてが安全であるかを検査することが不可能だったからです。なぜなら、検査で開封してしまうと、保存状態が損なわれるので宇宙に持ち込めなくなるからです。

だからといって、代表的な品物をサンプル検査しても、すべてが絶対に安全であるとは保証できません。そこで開発されたのが、HACCPシステムです。日本語では、「ハセップ」「ハサップ」「ハシップ」などと発音されています。

(2) HACCPシステムの3つのポイント

HACCPシステムの内容を、もう少し具体的に説明すると、次の3点に要約できます。

① 危害発生の原因となるハザードを予防するシステムであり、ハザードが発生した後に対応するためのものではない。生物学的、化学的、物理的なハザードの発生を防ぐために、自工場を正確に診断する道具である

② ハザードの発生をゼロにするシステムではない。しかし、食品の安全性を侵す可能性のあるハザードの発生を最小限にするた

めに設計されたものである
③ 従来のように最終製品の検査に依存するのではなく、安全性の確認から工程管理、とくにCCP（重要管理点）の管理状況のチェックに集中する

（3）従来方式との違い

　従来の管理方法は、**図表2-1**のように最終製品の検査に重点をおいた衛生管理方法です。それに対してHACCPシステムは、ハザード分析（HA：Hazard Analysis）とCCP（Critical Control Point：重要管理点）の監視からなる食品衛生の管理手法となっています。

　原材料から製造・加工、最終製品の保管・流通にいたるすべての工程で、発生するおそれのあるハザード（危害が発生する要因）を明確にし、ハザードを制御することにより製品の安全確保を図るという、ハザード発生の予防に力点をおいた衛生管理の手法です。

図表2-1　HACCP手法の特徴と従来の管理方法との違い

従来の管理手法
・一定率の製品を抜取り検査
・検査により不合格が出た時は一連の製品を廃棄

HACCP
・原材料受入れから最終製品までの各工程であらかじめ危害を予測し、
　危害防止につながるとくに重要な工程を継続的に監視・記録
・従来の管理手法に比べ、より効果的に問題のある製品の出荷を未然に防止

具体的には、私たち自らが、食品の原材料の生産から製品の製造・加工・流通・消費にいたるすべての工程で発生するおそれのあるハザードの原因物質を特定し、これらのハザードの起こりやすさ、起こった場合の被害の程度などを含めて評価し、その防止措置を明らかにします。これがハザード分析（HA）です。

また、この分析結果に基づいてハザードを制御するため、重点的に管理すべき工程（CCP）を定め、このポイントを管理するための限界値（許容限界＝CL：Critical Limit）を決めて、管理状況を集中的かつ常時モニタリングします。そして、管理基準の逸脱が認められれば速やかに改善措置を講じ、これらの管理内容をすべて記録に残すとともに、定期的にシステムの有効性を見直すことで、安全性が保証されない製品が流通過程へ入ることを未然に防止します。

(4) 導入のメリット

では、HACCPシステムを導入すると、どのようなメリットが得られるのでしょうか。

① 自工場で製造する食品の安全性が、より一層向上する
② 企業の社会的な信頼が高まる。HACCPを取り入れているということだけで評価を高められる
③ このシステムにおける衛生管理に含まれるモニタリングやその記録保管は、製造者自らの製造物に対する責任に関して立証できることになる
④ 行政庁（保健所など）による監視・指導・消費者からのクレームなどにも適切な対応がしやすくなる

Column

HACCPとISO9001（品質マネジメントシステム）との違い

HACCPは、工程で発生する恐れのある危害を予測し、その危害を制御するシステムです。それに対して、ISO9001は、製造・加工の工程全般を適正に維持管理するシステムです。

ISO9001には、工程管理、検査・試験、品質記録の管理、内部品質監査、教育・訓練及び購買などの規格（要求事項）が定められていて、その運用に当たっては、運用のための組織を明確にするとともに、これらの規格にしたがって品質管理活動全般を体系的に文書化し、適正な活動レベルを維持管理することが求められています。

したがって、HACCPとISO9001は、その目的が異なるとしても、適正な工程管理により製品の品質を保証する側面において共通点があります。

2 FSSC22000について

(1) FSSC22000の概要

FSSC22000とは、Food Safety System Certification 22000の略で、2010年にGFSI（国際食品イニシアチブ）により食品安全の認証スキーム（枠組み）の1つとして承認されました。

① FSSC22000の構成

FSSC22000は、「ISO22000：2005（HACCPとISOマネジメントシステム）」＋「前提条件プログラム」＋「FSSC22000追加要求事項」で構成されます（**図表2-2**）。

1. 目的
   1.1 食品カテゴリー及びセクター　　1.2 適用分野
2. 本スキーム要求事項の概要
   2.1 主な構成要素
   2.1.1 ISO22000
   2.1.2 ISO9001
   2.1.3 前提条件プログラム（PRP）
   2.1.4 追加要求事項
      2.1.4.1 サービスの管理、
      2.1.4.2 製品表示
      2.1.4.3 食品防御（フードディフェンス）
      2.1.4.4 食品偽装（フードフラウド）の予防
      2.1.4.5 ロゴの使用
      2.1.4.6 アレルゲンの運営管理（C：食品製造、I：容器包装製造、K：化学製品製造）
      2.1.4.7 環境のモニタリング（（C：食品製造、I：容器包装製造、K：化学製品製造）
      2.1.4.8 製品の処方（犬猫用ペットフード）
      2.1.4.9 天然資源の管理（動物生産）

図表2-2　FSSC 22000（Ver.4.1）の構成要素

② 前提条件プログラム（PRP：Prerequisite Program）

　FSSC22000の前提条件プログラムは、食品製造をはじめとして、産業分野ごとに技術仕様が順次作成されています。

図表2-3　ISO22000：2005の前提条件プログラム（PRP）と食品製造：ISO／TS22002-1：2009の関係

ISO22000：2005 の7.2.3項	ISO/TS22002-1：2009
a）建物及関連施設の構造並びに配置	4　建屋の構造及び配置
b）作業空間及び従業員施設を含む構内の配置	5　施設及び作業区域の配置
c）空気、水、エネルギー及びその他のユーティリティの供給源	6　ユーティリティ（空気、水、エネルギー）
d）廃棄物及び排水処理を含めた支援業務	7　廃棄物処理
e）設備の適切性並びに清掃・洗浄・保守及び予防保全のしやすさ	8　装置の適切性、清掃・洗浄及び保守
f）購入した資材、供給品、廃棄及び製品の取扱いの管理	9　購入材料の管理（マネジメント）
g）交差汚染の予防手段	10　交差汚染の予防手段
h）清掃・洗浄及び殺菌・消毒	11　清掃・洗浄及び殺菌・消毒
i）有害生物の防除	12　有害生物の防除（ペストコントロール）
j）要員の衛生	13　要員の衛生及び従業員のための施設
k）適宜、その他の側面	14　手直し
	15　製品のリコール手順
	16　倉庫保管
	17　製品情報及び消費者の意識
	18　食品防御、バイオビジランス及びバイオテロリズム

第2章

39

- 食品製造：ISO／TS22002-1：2009
- 食品容器包装製造：ISO／TS22002-4：2013
- 動物飼料製造：ISO／TS22002-6：2016　など

③ FSSC22000（Ver.4.1）パート2：認証の要求事項

　FSSC22000の全体構成はいくつかのパートに分かれていますが、認証を受審する組織の人に関係するのは「パート2：認証の要求事項」です。

　FSSC22000の要求事項は、（Ver.3.2）から（Ver.4.1）に変更され、2018年1月1日より適用となりました。今回のパート2の変更点は追加要求事項の部分で、ISO22000＋PRP技術仕様＋追加要求事項の枠組みの変更はありません。

　ただし、「食品防御」と「食品偽装の予防」については、「食品防御」の要求事項が明確になり、「食品偽装の予防」の要求事項が新たに追加されました。

食品防御（フードディフェンス）

　「汚染を誘導する、あらゆる形の悪意ある意図的攻撃（思想を動機とするものを含む）から食品と飲料の安全を確保するプロセス」

食品偽装（フードフラウド）

　「経済的利得のために行われる、消費者の健康に影響しうる、食品／飼料、その材料または包装、ラベル、商品情報の意図的な取り換え、追加、改ざん、不当表示、虚偽の表示、まぎらわしい表示の総称」（FSSC22000（Ver.4.1）パート0：用語の定義より）

　以上のように、前提条件プログラムが強化され、食品防御・食品偽装予防・製品リコールなどの要求事項が追加されました。ISO22000に比べ、外的要因に関してきっちり管理することで、食品安全リスクを限りなく減少させるシステムとして注目を浴びています。

　フードサプライチェーン・マネジメントとISO／TS22000シリーズとの関係は**図表2-4**のとおりです。食品製造からフードチェーンの領域に拡大しています。

図表2-4　FSSC22000対象製品分野と使用する前提条件プログラムの規格の関係一覧表

カテゴリー	サブカテゴリー	説明	食品安全	前提条件プログラム
A	AI	肉／乳／卵／蜂蜜のための畜産	ISO 22000:2005	ISO/TS 22002-3:2011
	AII	魚及び海産物の生産	ISO 22000:2005	ISO/TS 22002-3:2001
C	CI	腐敗しやすい動物性製品の加工	ISO 22000:2005	ISO/TS 22002-1:2009
	CII	腐敗しやすい植物性製品の加工	ISO 22000:2005	ISO/TS 22002-1:2009
	CIII	腐敗しやすい動物性及び植物性製品の加工（混合製品）	ISO 22000:2005	ISO/TS 22002-1:2009
	CIV	常温保存製品の加工	ISO 22000:2005	ISO/TS 22002-1:2009
D	DI	飼料の製造	ISO 22000:2005	ISO/TS 22002-6:2016
	DII	犬及び猫用ペットフードの製造	ISO 22000:2005	ISO/TS 22002-1
	DII	犬及び猫用以外のペットフードの製造	ISO 22000:2005	ISO/TS 22002-6:2016
E	N/A	ケータリング	ISO 22000:2005	ISO/TS 22002-2:2013
FI	FI	小売	ISO 22000:2005	BSI/PAS 221:2013
G	GI	腐敗しやすい食品及び飼料の輸送及び保管サービスの提供	ISO 22000:2005	NEN/NTA 8059:2016
	GII	常温保存食品及び飼料の輸送	ISO 22000:2005	NEN/NTA 8059:2016
I	N/A	食品と飼料の包装，及び包装資材の製造	ISO 22000:2005	ISO/TS 22002-4:2013
K	N/A	（生化学）化学製品の製造	ISO 22000:2005	ISO/TS 22002-1:2009

第2章　HACCPとは、FSSC22000とは、ISO22000との関係

(2) FSSC22000認証を取得するメリット

- PRPの要求事項がより広く詳細になっているため、確実な管理ができるようになることから、企業の信頼性が高まる
- 高いレベルでの食品安全マネジメントシステム運用が実際に維持できていると証明できることから、企業のイメージアップにつながる
- FSSC22000により、取引先とのコミュニケーションがさらに容易になり、二社監査の軽減が期待できる
- 詳細な問題が自己管理で明確になることから、リスク管理の対象が広がり、より確実なシステム運用となる
- 個々の問題点の検出力の強化により、社員への教育機会の改善に役立ち、タイムリーな教育システムが期待できる

図表2-5　HACCP、ISO22000、FSSC22000違いのまとめ

	特　徴
HACCP	危害発生の要因を分析して重要な工程を重点的に管理するシステム
ISO22000	PRPとHACCPを使用して継続的に改善していく会社内のしくみづくりに使用できる規格
FSSC22000	ISO22000のPRPについて産業分野ごとにより詳細な要求事項を付加し、食品安全マネジメントシステム内の管理対象を食品防御や食品偽装に拡大している規格

第**3**章

ISO22000の
改定、変更

2015年のISO9001大幅改定に伴って、すべてのマネジメント規格に共通フレームが適用されることになりました。これを受けて、ISO22000は2018年に改定されました。ここでは、その改定・変更点について解説します。

改定のポイント

　ISO9001は、2015年に大幅な改定が行われ、以下のように統一された上位構造High Level Structure（HLS）に変更されました。これを受けてISOは、すべてのマネジメントシステム規格に以下のような共通フレームワークの適用を決定したのです。
- 統一された上位構造（HLS）
- 共通のテキスト及び用語
- 各マネジメントシステム規格は、追加の「規格特有」要求事項が追加されている

(1) 改定の共通事項
- 状況や目標に関連した「リスク」及び「機会」への取組み
- 顧客要求事項、適用される「法令規制要求事項への適合」を一貫して提供
- 顧客満足を向上させる機会
- 品質マネジメントシステム要求事項への適合を実証

なぜこのように統一したかというと、主な利点として次のことがあげられます。
- 規格間の整合性の強化
- 新たな規格の導入を容易にする
- マネジメントシステムの統合を容易にする
- 利用者の価値を増加させる
- 技術委員会の規格開発の有効性を改善する

(2) 品質マネジメントシステムとその他の規格の関係性
　マネジメントシステムの基本は、品質マネジメントシステムに規定

■ 図表3-1　マネジメントシステム導入の理解

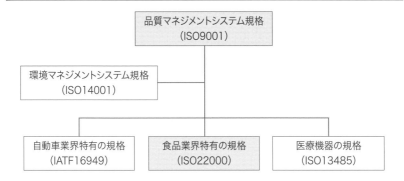

されています。この基本から必要な規格へ波及したと言えます。**図表3-1**のように、最近の規格普及のトレンドは、「安全」がキーワードになっています。

ISO9001：2015には、この規格に規定されている品質マネジメント原則に基づき、以下の内容が含まれています。

- 7原則の説明
- 組織にとって原則が重要であるとの根拠
- 原則に関連する便益の例
- 原則を適用する時に組織のパフォーマンスを改善するための典型的な取組みの例

※ ISO9001：2015品質マネジメントシステム-基本及び用語を使用すること。

品質マネジメントの7原則は、**図表3-2**にまとめています。

(3) 改定の変更点

では、ISO22000：2005から何が変更されたのでしょう。主な変更点を示します。

ISO220000：2018に組み込まれた、ISO22000：2005に対する変更は、次の項目にまとめられます。

① HLS適用による変更

第3章　ISO22000の改定、変更

図表3-2　ISOマネジメントシステムの7原則

顧客重視	品質マネジメントシステムの主眼は、顧客の要求事項を満たし、顧客の期待を超える努力をすることである
リーダーシップ	すべての階層のリーダーは、目的と方向性を一致させ、人々が組織の品質目標を達成するために参加する状況をつくり出す
人々の積極的参加	組織内のすべての階層にいる、力量があり、権限が与えられ、積極的に参加する人々が、価値を創造し提供する組織の実現能力を向上させるために必要である
プロセスアプローチ	活動を首尾一貫したシステムとして機能する相互に関連するプロセスであると理解し、マネジメントすることによって、矛盾のない予測可能な結果が、より効果的かつ効率的に達成できる
改善	成功する組織は、改善に対して、継続してフォーカスを当てている
客観的事実に基づく意思決定	データ及び情報の分析と評価に基づいた意思決定により、より望ましい結果を得ることができる
関係性管理	持続的成功のために、組織は供給者のような密接に関連する利害関係者との関係をマネジメントする

　② ISO22000：2005からの規格特有の変更

① HLS適用による変更点

　HLS適用の結果として、規格の構造及び箇条は大きく変更されました。前後の版で要求事項が変更されていない場合でも、その要求事項は、新たな箇条／サブ箇条に割り付けられています。

　意図した成果を提供するためのマネジメントシステムの能力に影響する要因を特定し、理解しやすくなります。以下を含む組織の状況の理解のための新しい箇条とは次のとおりです。

　● 外部及び内部の課題（4.1参照）の決定と監視

- 利害関係者のニーズ及び期待（4.2参照）の決定と監視
- 意図した成果を提供するためのマネジメントシステムの能力や顧客満足に（好ましい、好ましくないに関わらず）影響しうるリスク及び機会に取り組むための処置を決定し、考慮し、必要な場合は実施するためにリスク及び機会のマネジメント（6.1参照）
- 「リーダーシップ」及びマネジメントのコミットメントの重視の強化（5.1参照）。これは、マネジメントシステムの有効性について積極的に関与し説明責任を果たすことを含む改善のための原動力としての目的（6.2参照）及び測定、監視、分析及びパフォーマンスの評価（9.1参照）の重視の強化
- 計画された変更の管理及び意図しない変更の結果のレビューのさらなる強化（8.1参照）
- コミュニケーションに関連する拡大された要求事項（7.4参照）：これには、外部コミュニケーション及びコミュニケーションのしくみに関してのより詳細な規定（何を、いつ、どのようにコミュニケーションをとるかの決定）を含んでいます。
- 食品安全マネジメントシステム・マニュアル作成の要求事項はありませんが、文書化した情報の要求はされています。

その結果、構造の変化は**図表3-3**のようになりました。

HLSを適用したことで、ISO22000：2018から以下の構成が浮かび上がってきます。

箇条6：Plan＝前提条件プログラム＋HACCP適用の7原則・12手順による計画

箇条8：Do＝システムの運用

箇条9：Check＝システムの検証

箇条10：Act＝システムの改善

この全体の構成を意識した上で、**図表3-4**を見ると、2つのPDCA

第3章 ISO22000の改定、変更

図表3-3　ISO22000：2018 規格要求事項の構成

4.　組織の状況

4.1 組織及びその状況の理解
4.2 利害関係者のニーズ及び期待の理解
4.3 食品安全マネジメントシステムの
　　適用範囲の決定
4.4 食品安全マネジメントシステム

5.　リーダーシップ

5.1 リーダーシップ及びコミットメント
5.2 方針
5.2.1 食品安全方針の確立
5.2.2 食品安全方針の伝達
5.3 組織の役割、責任と権限

6.　計画

6.1 リスク及び機会への取組み
6.2 食品安全マネジメントシステムの
　　目標及びそれを達成するための計
　　画策定
6.3 変更の計画

7.　支援

7.1 資源
7.2 力量
7.3 認識
7.4 コミュニケーション
7.5 文書化した情報

8.　運用

8.1 運用の計画及び管理
8.2 前提条件プログラム（PRPs）
8.3 トレーサビリティシステム
8.4 緊急事態への準備及び対応
8.5 ハザードの管理
8.6 PRPs及びハザード管理プランを
　　規定する情報の更新
8.7 モニタリング及び測定の管理
8.8 PRPs及びハザード管理プランに
　　関する検証
8.9 製品及び工程の不適合の管理

9.　パフォーマンス評価

9.1 モニタリング、測定、分析及び評
　　価
9.2 内部監査
9.3 マネジメントレビュー

10.　改善

10.1 不適合及び是正処置
10.2 継続的改善
10.3 食品安全マネジメントシステム
　　　の更新

サイクルが理解できるでしょう。

　図表3-4は、社内で計画された目標の設定に対して運用した後に改善の度合いを測定して必要な改善を講じるしくみのPDCAです。

　運用をする対象がPRPとHACCPになっているので、ハザード分析した結果と、その中で管理すべき重要なハザードの運用と、その監視した結果と必要な改善を図っていくPDCAサイクルになっています。

図表3-4　2つのPDCAサイクル

◎組織の計画及び管理

◎運用の計画及び管理

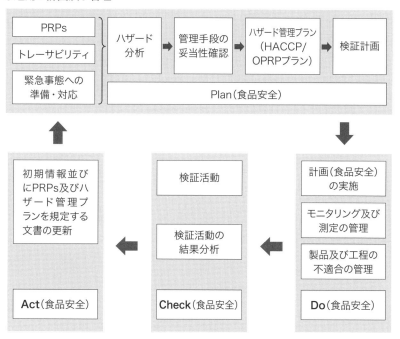

第3章　ISO22000 の改定、変更

これはISO22000：2005年版より明確になっています。

② ISO22000：2005年からの規格特有の変更

箇条ごとに**図表3-5**にまとめました。

図表3-5　ISO22000:2018年版変更一覧表

新規の箇条又は内容

内容は変更されているが新規ではない、しかしながら実質的な変更が含まれる。

内容において特に変更はない

		ISO 22000：2018		ISO 22000：2005	
4章	組織の状況（表題のみ）	4	新規見出し		
	組織及びその状況の理解	4.1	新規		
	利害関係者のニーズ及び期待の理解	4.2	新規		
	食品安全マネジメントシステムの適用範囲の決定	4.3	4.1（及び新規）	一般要求事項	
	食品安全マネジメントシステム	4.4	4.1	一般要求事項	
5章	リーダーシップ（表題のみ）	5	新規見出し		
	リーダーシップ及びコミットメント	5.1	5.1　7.4.3（及び新規）	経営者のコミットメント、ハザード評価	
	方針	5.2	5.2（及び新規）	食品安全方針	
	組織の役割、責任及び権限	5.3	5.4、5.5、7.3.2（及び新規）	責任及び権限、緊急事態に対する備え対応、食品安全チーム	
6章	計画（表題のみ）	6	新規見出し		
	リスク及び機会への取組み	6.1	新規		
	食品安全マネジメントシステムの目標及びそれを達成するための計画策定	6.2	5.3（及び新規）	食品安全マネジメントシステムの計画	
	変更の計画	6.3	5.3（及び新規）	食品安全マネジメントシステムの計画	
7章	支援（表題のみ）	7	新規見出し		
	資源（表題のみ）	7.1	6	資源の運用管理	
	一般	7.1.1	6.1	資源の提供	
	人々	7.1.2	6.2、6.2.2（及び新規）	人的資源	

50

	ISO 22000：2018		ISO 22000：2005	
7章	インフラストラクチャ	7.1.3	6.3	インフラストラクチャ
	作業環境	7.1.4	6.4	作業環境
	外部で開発された食品安全マネジメントシステムの要素	7.1.5	1（及び新規）	適用範囲
	外部から提供されるプロセス、製品及びサービスの管理	7.1.6	4.1（及び新規）	一般
	力量	7.2	6.2.1、6.2.2、7.3.2	人的資源、食品安全チーム
	認識	7.3	6.2.2	力量、教育・訓練及び認識
	コミュニケーション	7.4	5.6	コミュニケーション
	一般	7.4.1	6.2.2（及び新規）	人的資源
	外部コミュニケーション	7.4.2	5.6.1	外部コミュニケーション
	内部コミュニケーション	7.4.3	5.6.2	内部コミュニケーション
	文書化した情報（表題のみ）	7.5	4.2	文書化に関する要求事項
	一般	7.5.1	4.2.1、5.6.1	一般、外部コミュニケーション
	作成及び更新	7.5.2	4.2.2	文書管理
	文書化した情報の管理	7.5.3	4.2.2、4.2.3（及び新規）	文書管理、記録管理
8章	運用（表題のみ）	8	新規見出し	
	運用の計画及び管理	8.1	7.1（及び新規）	一般要求事項
	前提条件プログラム	8.2	7.2	前提条件プログラム
	トレーサビリティシステム	8.3	7.9（及び新規）	トレーサビリティシステム
	緊急事態への準備及び対応	8.4	5.7	緊急事態に対する備え、対応
	一般	8.4.1	5.7	緊急事態に対する備え、対応
	緊急事態及びインシデントの処理	8.4.2	新規	
	ハザードの管理（表題のみ）	8.5	新規見出し	
	ハザード分析を可能による予備段階	8.5.1	7.3	ハザード分析を可能にするための準備段階
	一般	8.5.1.1	7.3.1	一般
	原料、材料及び製品に接触する材料の特性	8.5.1.2	7.3.3.1	製品の特性、原料、材料及び製品に接触する材料

第3章 ISO22000 の改定、変更

	ISO 22000：2018		ISO 22000：2005	
	最終製品の特性	8.5.1.3	7.3.3.2	製品の特性、最終製品
	意図した用途	8.5.1.4	7.3.4	意図した用途
	フローダイアグラム及び工程の記述	8.5.1.5	7.3.5.1	フローダイアグラム
	フローダイアグラムの作成	8.5.1.5.1	7.3.5.1	フローダイアグラム
	フローダイアグラムの現場確認	8.5.1.5.2	7.3.5.1	フローダイアグラム
	工程及び工程の環境の記述	8.5.1.5.3	7.2.4、7.3.5.2（及び新規）	工程の段階及び管理手段の記述
	ハザード分析	8.5.2	7.4	ハザード分析
	一般	8.5.2.1	7.4.1	一般
	ハザードの特定及び許容水準の決定	8.5.2.2	7.4.2	ハザードの明確化及び許容水準の決定
	ハザード評価	8.5.2.3	7.4.3、7.6.2（及び新規）	ハザード評価、CCPの明確化
	管理手段の選択及びカテゴリー分け	8.5.2.4	7.3.5.2、7.4.4（及び新規）	工程の段階及び管理手段の記述、管理手段の選択及び評価
8章	管理手段及び管理手段の組合せの妥当性確認	8.5.3	8.2	管理手段の組合わせの妥当性確認
	ハザード管理プラン（HACCP/OPRPプラン）	8.5.4	新規見出し	
	一般	8.5.4.1	7.5、7.6.1	OPRP、HACCPプラン
	許容限界及び処置基準の決定	8.5.4.2	7.6.3（及び新規）	CCPのCLの決定
	CCPsにおける及びOPRPsに対するモニタリングシステム	8.5.4.3	7.6.3、7.6.4（及び新規）	CCPのCLの決定、モニタリングのためのシステム
	許容限界又は処置基準が守られなかった場合の処置	8.5.4.4	7.6.5	モニタリング結果がCL逸脱時の処置
	ハザード管理プランの実施	8.5.4.5	新規	
	PRPs及びハザード管理プランを規定する情報の更新	8.6	7.7	OPRP、HACCPを規定する事前情報並びに文書の更新
	モニタリング及び測定の管理	8.7	8.3	モニタリング及び測定の管理
	PRPs及びハザード管理プランに関する検証（表題のみ）	8.8	新規見出し	

52

		ISO 22000：2018		ISO 22000：2005	
8章	検証	8.8.1	7.8、8.4.2	検証プラン、検証活動結果の評価
	検証活動の結果の分析	8.8.2	8.4.3	検証活動結果の分析
	製品及び工程の不適合の管理（表題のみ）	8.9	7.10	不適合の管理
	一般	8.9.1	7.10.1、7.10.2	修正、是正処置
	修正	8.9.2	7.10.1	修正
	是正処置	8.9.3	7.10.2	是正処置
	安全でない可能性がある製品の取扱い（表題のみ）	8.9.4	7.10.3	安全でない可能性がある製品の取扱い
	一般	8.9.4.1	7.10.3.1	一般
	リリースのための評価	8.9.4.2	7.10.3.2	リリースのための評価
	不適合製品の処理	8.9.4.3	7.10.3.3	不適合製品の処理
	回収 / リコール	8.9.5	7.10.4	回収
9章	パフォーマンス評価（表題のみ）	9	新規見出し	
	モニタリング、測定、監視、分析及び評価（表題のみ）	9.1	新規見出し	
	一般	9.1.1	新規	
	分析及び評価	9.1.2	8.4.2、8.4.3	検証活動結果の評価、分析
	内部監査（表題のみ）	9.2	8.4.1	内部監査
	マネジメントレビュー（表題のみ）	9.3	5.8（及び新規）	マネジメントレビュー
	一般	9.3.1	5.2、5.8.1	食品安全方針、マネジメントレビュー
	マネジメントレビューへのインプット	9.3.2	5.8.2（及び新規）	マネジメントレビューのインプット
	マネジメントレビューからのアウトプット	9.3.3	5.8.1、5.8.3	マネジメントレビュー、マネジメントレビューのアウトプット
10章	改善（表題のみ）	10	新規見出し	
	不適合及び是正処置（表題のみ）	10.1	新規	
	継続的改善	10.2	8.1、8.5.1	一般、継続的改善
	食品安全マネジメントシステムの更新	10.3	8.5.2	食品安全マネジメントシステムの更新

第3章 ISO22000の改定、変更

文書や記録についての変更は、**図表3-6**のようになっています。

図表3-6 文書・記録についての変更

新規要求	規格の項番	規格が要求している維持しなければならない文書化した情報（文書管理）
	4.3	適用範囲
	5.2.2	食品安全方針
	6.2.1	FSMSの目標及びそれを達成するための計画策定
	7.5.1	規格要求の"文書化した情報"の概要
	7.5.2	文書化した情報の作成及び更新
	7.5.3	文書化した情報の管理
◉	8.1	運用の計画及び管理
◉	8.2.4	PRPの選択、確立、適用できるモニタリング及び検証についての規定
◉	8.4.1	緊急事態への準備及び対応、緊急事態及びインシデントの処理
	8.5.1.2	原料、材料及び製品に接触する材料の特性
	8.5.1.3	最終製品の特性
	8.5.1.4	意図した用途
	8.5.1.5.1	フローダイアグラムの作成
◯	8.5.1.5.3	工程及び工程環境の記述
	8.5.2.2.3	許容水準の決定及び許容水準を正当化する根拠
	8.5.2.3	ハザード評価方法の記述
◉	8.5.2.4.2	意思決定プロセス、管理手段の選択並びに分類分け
◉	8.5.2.4.2	管理手段の選択及び厳格さに影響を与える可能性がある外部からの要求事項
◉	8.5.3	管理手段及び管理手段の組合わせの妥当性確認
	8.5.4.1	ハザード管理プラン(HACCP/OPRPプラン)
	8.5.4.2	CCPにおける許容限界の根拠
	8.5.4.3	CCP及びOPRPに対するモニタリングシステム

	8.7	評価及びその結果としての処置
●	8.7	妥当性確認活動に関する文書
	8.9.2.1	修正の手順
	8.9.3	是正処置手順
	8.9.5	回収 / リコールの手順

＊8.9.4.1や9.2.2は、文書化を要求されていない。しかし、HLSに合わせて文書化を要求していないだけで、実質は必要であると考えた方がマネジメントシステムが機能する。

新規 要求	規格の 項番	規格が要求している保持しなければならない 文書化した情報（記録管理）
	6.2.1	FSMSの目標に関する結果
	7.1.2	人々（FSMS 開発の外部の利用）
●	7.1.5	（使用する場合）外部で開発されたFSMS の要素（外部）
●	7.1.6	外部から提供されるプロセス、製品又はサービスの管理として評価、再評価および処置の記録
●	7.1.6	評価、再評価および関連の処置を文書化した情報として保持
	7.2	力量
	7.4.2	外部コミュケーション
●	8.1	運用の計画及び管理の結果
○	8.3	トレーサビリティシステム（要求される情報の拡大）
	8.5.1.5.2	フローダイアグラムの現場確認
	8.5.2.2.1	特定した食品安全ハザード
	8.5.2.3	重要な食品安全ハザードとしての評価の結果
●	8.5.2.4.2	意思決定プロセス、管理手段の選択並びに分類分けの結果
●	8.5.4.5	ハザード管理プランの実施の証拠
	8.7	モニタリング及び測定についての校正を含む検証記録
	8.7	モニタリング及び測定についての校正結果の評価及びその結果
●	8.7	ソフトウェアの妥当性確認の活動記録
	8.8.1	検証の記録

	8.9.2.3	OPRP が守られなかった場合の評価の結果
	8.9.2.4	修正の記録
	8.9.3	是正処置の結果
	8.9.4.2	安全でない可能性がある製品の取扱いの記録
	8.9.4.2	リリースのための評価結果
	8.9.4.3	不適合製品の処理記録
	8.9.5	回収／リコール（原因、範囲、結果）の記録
	8.9.5	回収／リコールプログラムの検証（模擬回収など）
●	9.1.1	パフォーマンス評価の結果（モニタリング、測定、分析及び評価）
	9.1.2	分析及び評価結果
	9.2.2	内部監査の実施及び監査結果の証拠
	9.3.3	マネジメントレビューの結果の証拠
●	10.1.2	不適合及び修正処置及び是正処置の記録
	10.3	FSMS の更新記録

第 **2** 部

構築・運用の
具体的な進め方

ISO22000

PART 2

第4章

構築（1）
準備段階

ISO22000の導入では、トップマネジメントの積極的な関与、専門チームの編成、食品安全方針の制定とともに、この規格の要求事項について正確に理解することが望まれます。そこで、要求事項の意図について、詳しく解説します。

1 トップマネジメントによるキックオフ宣言と活動目的の主旨説明

　ISO22000の構築・運用について、まずは会社の経営層が社内のルールを明確にすることが重要です。全従業員に向けて必要な資源を投入すること、また、取り組む目的を明確にして周知を図ります。
　会社それぞれに構築目的はさまざまでしょう。たとえば、以下の目的があげられます。

- 食品安全のしくみづくりを通じて、これからの会社の幹部候補生を育てたい
- 社内の衛生管理のルールは実際に運用しているが、これを機に見直して、同業他社と同等になるようにレベルアップを図りたい
- 製造工程で発生する不良品の削減に取り組んでいるが、なかなか低減できない現状を改善したい
- HACCP義務化の機を利用して食品安全マネジメントシステムに取り組み、現状の改善に必要なしくみづくりをしておきたい
- 品質管理に取り組んでいるが、今後必要な品質保証体制の構築を、食品安全マネジメントシステム構築に合わせて行いたい
- 競争力をつけるために、外部機関による認証を取得して外から認められる会社に育てていきたい

　これらの目的は目標としてキックオフ宣言などの形で明確にしておくと、従業員のベクトルを一致させることができるようになります。キックオフ宣言は、全部門の人が一堂に集まる機会を設けるなど全社的な行事にするとよいでしょう。
　トップマネジメント自らの発言は、重要な意味を持ちます。食品安全方針が決まっていれば、同時に発表することもできます。

2 食品安全チーム編成と組織・役割の確認

(1) 食品安全チームリーダーとチーム編成

　食品安全チームリーダーは、トップマネジメントが任命してください。本社が統括していれば、本社でガバナンスするのが理想的です。

　また、各工場単位で食品安全チームリーダーを決めておきます。1工場につき1人です。このチームリーダーがキーパーソンとなりますから、責任と権限があって統括できる立場の人がよいでしょう。

　メンバーは、トップマネジメントではなくリーダーが決めてもかまいません。工場単位で選任します。製造、購買、品質、工務、従業員衛生管理の担当者など、職位に関係なく、各ルーチンワークに精通した人がよいでしょう。

　職場の職制上の長が担当して、次の世代を担う人をサブに付けて育てていくことも加味するとよいです。日常業務もあるので、大人数にすることは避けましょう。

① 小さな組織の場合

　一般的な編成の例（小さい組織の場合）は、**図表4-1**のとおりです。

　編成する際のポイントは、組織内の機能を重視することです。その

図表4-1　一般的な組織編成の例（小さい組織の場合）

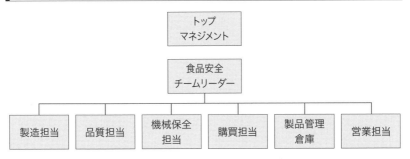

機能の中で、業務に詳しい人がよいのですが、職制が上位の人ばかりになってしまいがちです。そこで、幹部候補の人を抜擢することも重要になります。若い人が活動しやすい環境を整えることに配慮しつつ、チーム内の責任や役割と職制上の権限が混乱しないように調整することが大事です。

② **大きい組織の場合**

大きな組織の例は**図表4-2**のとおりです。複数の製造ラインがあって、社内ルールの構築や運用を水平展開させて、統一した方法を周知しながら運用する場合に採用します。

この場合、組織が大きくなる分、食品安全チームリーダーの業務の負荷が大きくなりがちなので、事務局などがあると便利です。事務局は食品安全チームと並行して進捗確認やまとめ業務のサポートができるというメリットがあります。

しかしその反面、任されている業務そのものにより、他のメンバーの構築や運用に対する意識が薄くなりがちなので、十分留意が必要です。

図表4-2　大きな組織の場合の組織編成の例

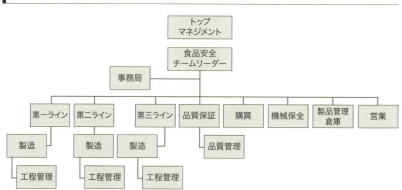

(2) 食品安全チーム・事務局の役割

　次に、食品安全チームや事務局の役割についてです。事務局を設置していない場合は、食品安全チームリーダーがその任を受けることになります。あるいは、食品安全チームメンバーにその役割を任せてもよいでしょう。

① 食品衛生管理プログラムは、前提条件プログラムに該当します。基準は、食品関連の業務を満たすような衛生管理の社内ルールを構築して、運用していく中心的存在です。食品安全チームと職場従業員をつなぐパイプ役だと思ってください

② ハザード分析などのHACCP原則に従って、7原則12手順の構築と検証、更新や改善を行います

③ 検証プランに基づく検証担当者を決めておくことです。必ずしもメンバーである必要はありませんが、最初は規格要求事項に精通したメンバーが遂行するとよいでしょう

　組織が大きい場合には、横のつながりを強化するために事務局をつくることがありますが、その際にはチーム全体の連絡機能がほしいと

図表4-3　食品安全（HACCP）チームメンバーの役割

社内の衛生管理プログラムの構築と運用の中心				
ハザード分析の実施、更新	HACCPプラン、OPRPプランの作成			
フローダイアグラムの作成、検証、更新	ハザード分析に必要な情報入手、更新	各モニタリング方法の構築、実行	修正・是正処置の実行と記録	検証方法の確定と実施記録
文書や記録についての社内ルールを明確にして運用を把握しておく				

ころです。また、職制上の上下関係が逆転する場合には、責任と権限などを明確にしておかなければ、メンバーが機能しにくくなるので注意が必要です。文書や記録の社内ルールが必要な場合もあります。

図表4-4は、食品安全チームリーダーを支援する内容です。もちろ

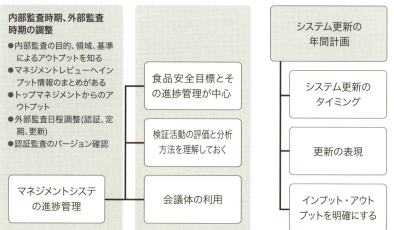

図表4-4　食品安全チームリーダーの役割

ん、事務局的な役割の人と二人三脚で進めるとよいでしょう。

① 食品安全目標管理
② 検証活動の評価と分析とマネジメントレビューのまとめ
③ 会議議事録の作成
④ 内部監査日程調整
⑤ 外部審査の調整
⑥ 更新と文書管理　など

（3）食品安全チームリーダーの責任と権限についての事例

　食品安全チームリーダーには、他の責任と関わりなく、次の事項について明確な責任と権限が社長から与えられています。

① 食品安全チームを管理し、その作業を組織化する
② 食品安全チームのメンバーが適切な訓練及び教育が受けられるようにする
③ 食品安全マネジメントシステムが確実に構築・維持され、更新されるようにする
④ 食品安全マネジメントシステムの有効性及び適切性に関して、社長に報告する
⑤ 食品安全マネジメントシステムに必要なプロセスが関連するすべての部署で確実に履行・維持されるために必要な活動や管理を推し進める
⑥ 当社の食品安全マネジメントシステムの基本内容を盛り込んで、食品安全マニュアルを作成する
⑦ 食品安全年度目標及び食品安全マネジメント計画の管理をする
⑧ 内部監査、外部審査や個別の検証結果の評価、検証活動の結果の分析などを通して、食品安全マネジメントシステムの実施状況を検証する
⑨ 製品回収の原因、範囲及び検証活動の結果の分析、システム更新の活動記録、顧客のフィードバックを含むコミュニケーショ

第4章 構築（1）準備段階

ン活動などについて、社長のマネジメントレビューのための資料として報告する。また、社長の食品マネジメントシステムに関する指示を組織に伝達・展開し、その実施状況をフォローする

⑩ 食品安全に影響する職務を遂行する要員が、有効なコミュニケーションを行うための要求事項を適切に理解できるようにする

⑪ 食品安全に貢献する際の、個々の活動の適合性及び重要性について、要員が認識できるようにする

⑫ 食品安全パトロールを開催する

⑬ 不適合によって影響を受ける製品の出荷のための評価、不適合製品の処理、製品回収に関する事項を遂行する

⑭ 必要に応じて、是正処置要求をする

⑮ 外部の審査機関から審査を受ける際の窓口となり、必要な調整を行う

⑯ 食品安全チームメンバーを任命する

・食品安全チームリーダーは、社長了承のもと従業員の中からチームメンバーを任命する

・食品安全チームリーダーは、必要に応じて外部機関の専門家に協力を依頼する

（4）食品安全チームの責任と権限

食品安全チームには、他の責任と関わりなく、次に示す責任と権限が与えられています。

① PRPの承認

② フローダイアグラムの検証

③ ハザード分析の実施

④ 製品回収の着手及び実施

⑤ 検証活動の結果の分析

⑥ 食品安全会議への情報提供と議事録の確認

⑦ 社内文書に関する業務についての計画の検討承認

3 食品安全方針の制定

まず、食品安全（品質側面を含んでもよい）に関する経営者のコミットメント（宣誓）を明確にしてください。コミットメントは従業員に対する約束ですから、社長や経営層の思い（何をしたいか）をまとめておきます。そのうえで食品安全方針を制定してください。この制定は、トップマネジメント自らが行うことになります。

食品安全方針の制定は、次の要素を加味して、自社の従業員に向けての文書を作成してください。わかりやすい言葉を使うと理解されやすいです。

- 組織の目的及び状況に対して適切である
- FSMSの目標の設定及びレビューのための枠組みを与える
- 食品安全に適用される法令・規制要求事項、及び相互に合意した顧客要求事項を含めて、該当する食品安全要求事項を満たすことへのコミットメントを含む
- 内部及び外部コミュニケーションに取り組む
- FSMSの継続的改善へのコミットメントを含む
- 食品安全に関する力量を確保するために取り組む

要素の1つめにあげた「適切」とは、構築された食品安全マネジメントシステムが適切であるかどうかを振り返ることです。

目標は、制定された方針に沿った工場単位、部門単位、職場単位、個人単位の目標に展開することもあります。そのうえで進捗管理をして実効性を確認し、方針に向かったベクトルで運用されているかどうかを確認することになります。

67

第4章 構築（1）準備段階

ここで、食品安全方針の事例を下記に示します。

（1）事例1

当社は、食品を製造、販売する企業として、次の項目を実行し、安全な食品を提供し続けます。

- 法令・規制要求事項を遵守します
- 食品の安全にかかわる法令について、情報収集し、社内展開、対応をしていきます
- お客さまとの約束を守ります
- 社内外で適切なコミュニケーションをとっていきます
- さらに高い食品安全の実現に向け目標を設定し挑戦を継続します
- 食品安全に関わる目標設定した上で、その目標達成に向けて各部門でチャレンジ目標を設定します。決めた目標について毎月評価し、年に2回のマネジメントレビューで報告して改善に努めます

（2）事例2

従業員1人ひとりが食品安全の意識を高く持ち、常にお客さまに安心・安全な商品を食べていただくための努力をし続けます。

この方針を達成するために、以下のことを進めます。

1. 事業活動に関連する法令や規制および取引先との合意事項を遵守いたします
2. 食品安全方針を全従業員に周知し確実な計画・実行・維持をいたします
3. お客さま、取引先などに対して積極的なコミュニケーションを取り、お客さまの意見を真摯に受け止め、その要求を満たす製品を提供します
4. 食品安全に対する意識向上を図るため、食品安全に影響する問

題を周知し、従業員に食品安全教育を実施いたします

5. 従業員1人ひとりが食品安全の意識を持ち、それぞれの役割と責任を認識して自ら進んで行動し、製品の安心安全を追及いたします

6. 食品安全方針、食品安全目標の随時見直しを図ってまいります

上記推進のため、以下の5点を定めました。

①顧客第一主義

顧客ニーズを的確に把握し充足させることにより、お客さまに安全で安心していただける製品を提供する。

②目標推進

計画、実施、分析、処置というサイクルで、各目標の推進管理を確認する。

③法的要求事項の遵守

法令・法規を遵守し、社会的貢献に努める。

④知識向上とコミュニケーション

食品安全に関する知識向上と共有に努め、内外部コミュニケーションを活発化する。

⑤マネジメントサイクル

マネジメントシステムの検証を定期的に行い、継続的な改善推進をする。

(3) 事例3

美味しく、楽しく、安心してお召し上がりいただける安全な製品を製造販売し続け、取引先およびお客さまの信頼に応えます。

1. 事業活動に関連する法令や規制および取引先との合意事項を遵守いたします

2. この方針を全従業員に周知し、確実な計画・実行・維持をいたします

3. お客さまの意見を真摯に受け止め、その要求を満たすように商

品の開発と品質の改善に活かします

4. 製品の正確な情報を提供するとともに、お客さま、取引先などに対して積極的なコミュニケーションを取ってまいります

5. 従業員1人ひとりがそれぞれの役割と責任を認識して品質向上の意識を持ち、お客さまの信頼に応えられるように、自分の持ち場の品質と安全を保証いたします

6. この方針と目標の随時見直しを図ってまいります

(4) 事例4

1. 当社は、『誠実な製品づくり』を基本として、お客さまに満足な製品を提供し、消費者に喜んでいただけるように、安全・安心・おいしい商品をお届けします

2. 当社は、食品関連法令・規制の順守はもとより、社会倫理に適合した健全な企業活動を行います

3. 当社は、内外部との情報及び伝達を密に行い、当社のみならずフードチェーン全体の食の安全を向上させることに寄与します

4. 当社は、お客さまのご意見・ご指導を真摯に受け止め、FSMSの有効性について継続的な改善・改革を行っていきます

5. 当社は、食品安全方針を全社員に周知させると共に、食品安全目標を設定し、随時見直しを行います

(5) 事例5

当社は、「安全と安心、健康とおいしさ」を追求した食品を提供するため、以下の食品安全方針を定め、実現してまいります。

法規制の要求事項を順守するとともに、お客さまの食品安全への要求事項にも適合してまいります。さらに、技術的・経済的に可能な範囲で自主基準を制定し、適切で有効な食品安全マネジメントシステムを構築し、運用します。

全従業員に食品安全関連の法規制や各種基準などの理解を深める機

会を設け、人材の育成と力量の向上に取り組みます。

　食品安全目標を食品安全方針のもとに設定し、開発・生産・販売の各プロセスの管理を強化・維持することでお客さまの信頼を獲得します。

　食品安全を確実にするために、当社に関連するフードチェーンの企業と相互コミュニケーションを充分にとり、食品安全マネジメントシステムを運用管理します。

　食品安全マネジメントシステムを継続的・効果的に機能させるために定期的にマネジメントレビューを行い、見直しと改善の活動成果を一般の人が入手可能にします。

4 規格要求事項の内容の正確な理解

　ISO22000：2018に沿って食品安全マネジメントシステムの構築と運用を目指すのであれば、規格要求事項を正しく理解する必要があります。この規格を使用すれば、まず何ができるのかを理解してもらわなければなりません。それには、マネジメントシステムそのものの理解が不可欠です。

　ISO22000：2018の3.25 マネジメントシステムの用語の定義では、「方針、目標及びその目標を達成するためのプロセスを確立するための、相互に関連するまたは相互に作用する、組織の一連の要素」と決められています。

　わかりにくい表現なので、勤務している会社で実際に行っている管理に当てはめて考えてみます（**図表4-5**）。

　営業担当者は、売上げや利益の管理を通じて、顧客の管理をしています。生産管理や倉庫の担当者は、在庫調整の管理をして、顧客にジャスト・イン・タイムの製品を提供しています。また、研究開発の担当者は、新商品を開発して市場に新しい製品を提供しています。品

図表4-5　自社で既に行っている管理

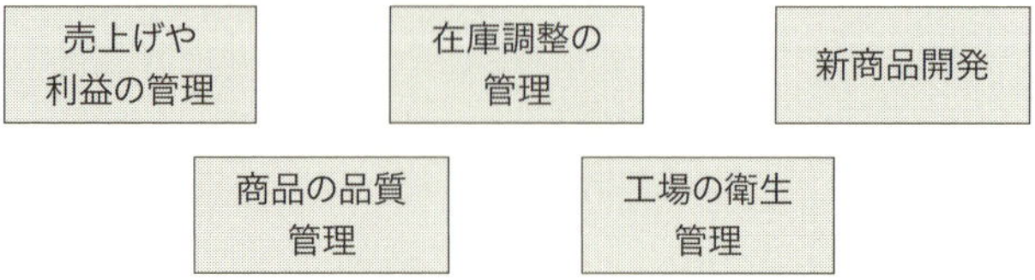

売上げや
利益の管理

在庫調整の
管理

新商品開発

商品の品質
管理

工場の衛生
管理

質管理や品質保証は、商品の品質管理を中心に信頼性に関する業務を担っています。さらに工場の製造担当者は、衛生管理をしながら、安全な製品の提供を担当しています。

　これらの業務をプロセスと置き換えると、経営者が立てた方針・目標に対して、どのようなやり方で達成するのかが見えてきます。

（1）組織の中で、誰がどのような役割分担で活動するのか

　もし、目標達成が難しいのであれば、どのようにして挽回するかなど、対応の仕方を導き出してくれるのがマネジメントシステムです。その中で「このようなやり方をすると効率がよく、効果が出る」という最低の注文が、要求事項として規格に含まれています。この最低不可欠な注文が、ISO規格の要求事項です。

　また、運用では「PDCAのサイクルを回して継続的に改善を図っていこう」という思想が吹き込まれています（**図表4-6**）。

（2）何が要求されているか

　これは規格要求事項を読むことです。

　最初に出てくるのが序文です。これは要求事項ではありませんが、これからこの規格を使用する組織にとって重要なことが記載してあります。

　この序文では、企業に与えるメリットに触れています。

● 顧客要求事項及び適用される法令・規制要求事項を満たした安全な食品並びに製品及びサービスを一貫して提供できる

図表4-6　食品安全に関するPDCAサイクル

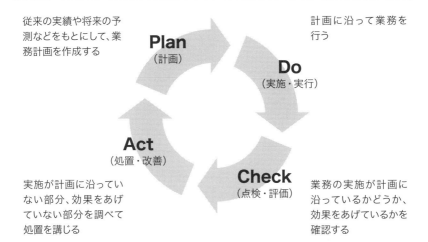

- 組織の目標に関連したリスクに取り組む
- 規定されたFSMS要求事項への適合を実証できる

次に、4主要素を組み合わせて構成されている点では、ISO22000：2005と同じです。また、ISOマネジメントシステム規格に共通の原則は、46ページの図表3-2で説明したとおりです（**図表4-7**）。

次に、リスクに基づく考え方を組み込んだ、プロセスアプローチを用いています。プロセスアプローチとは**図表4-8**のとおりです。

このプロセスアプローチは2段階のPDCAサイクルを使用しており、49ページの図表3-4で説明したとおりです。

Plan-Do-Check-Act（PDCA）サイクルの考え方で要求事項の箇条が構成されていて、いろいろなプロセス（業務内容、工程など）について、すべてがこのサイクルで考えられます（**図表4-9**）。

第 4 章　構築（1）準備段階

図表4-7　マネジメントシステムの全体像

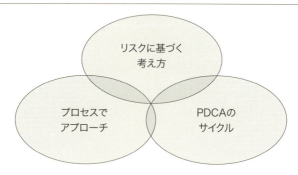

図表4-8　プロセスアプローチの例

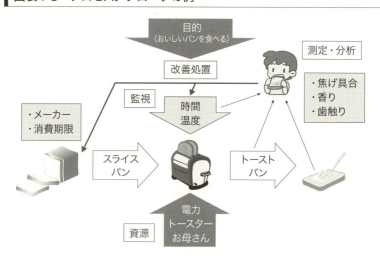

図表4-9　PDCAサイクルを使った構造

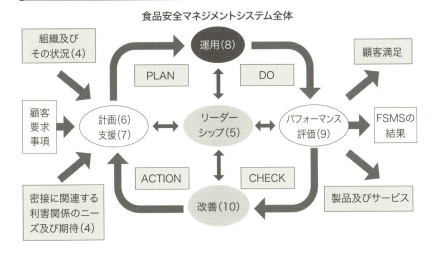

もう少し製造現場でのPDCAサイクルの活用事例を紹介しましょう。

(3) 事例1

ある機械装置のメンテナンスをすることにしています。
- 頻度：1ヵ月に1回、毎月の第3月曜日
- 内容：取扱説明書に記載されている給油、給脂と異音の点検
- だれが：装置のオペレーター
- 記録：機械装置の保守記録

以上で、計画（ルール）と運用は明らかにされていることがわかります。半年後にその記録を確認すると、一部給油がされていないことがわかりました。

その原因を担当者に尋ねると、その給油には特殊な治具が必要であることが判明し、すぐに機械装置メーカーに連絡してみると、別売りの扱いであることがわかりました。そこで、別売りの治具を購入して、給油方法の手順書に追加で記載し、担当者に周知しました。

この例では、機械装置の保守記録をチェック（Check）して、改善

（Action）として、治具の購入と給油方法の手順書の追加と担当者周知が実施されました。

（4）事例2

次に、しばしば事故につながりやすいケースとして、4M（Man、Machine、Material、Method）が変更されたときを取りあげます。たとえば、担当者が交替して不慣れであったとき、機械装置が変わったとき、原料や資材が変わったとき、製造の方法が変わったときなどが該当します。

これらの変更時に注意すべきなのは以下のとおりです。

- 事前に変更を知らせてあるか、また内容が理解されているかという情報の共有化
- 変更するにあたってのハザードの分析を実施しているか
- 手順などの変更内容を明確にしておく
- 実施した後は、普段よりも十二分な検証や検査が必要

これらを実行するしくみも、マネジメントシステムを利用することで構築できます。このように、マネジメントシステムは日常の製造に不可欠なものといえます。

（5）箇条1の適用範囲

ここでは、ISO22000：2018を使用して食品安全マネジメントシステムを構築・運用する場合に、どのようなことができるかを示しています。

この規格を採用して食品安全マネジメントを進める組織は、「○○○することができます」と捉えると理解ができます。

- FSMSを計画、実施、運用、維持及び更新ができる
- 食品安全法令・規制に対して適合していることを実際に証明できる
- お互いに合意した食品安全顧客要求事項を評価及び判定した上

で顧客要求事項に対して実際に証明できる

● フードチェーン内で関係している利害関係者に食品安全の問題を効果的に伝達できる

● トップマネジメントが定めた食品安全方針を確実に順守することができる

● 関係している利害関係者に対して、食品安全方針に従って確実に順守していることを実際に証明できる

● FSMSの外部組織による認証・登録または自己評価や自己宣言ができる

箇条2の引用規格は、とくに該当するものがありません。

(6) 箇条3用語及び定義

ここでは規格で使用している用語の意味を説明しています。

ISO規格で使用されている言葉が、よく理解できていないケースがあります。そうなると勝手な判断に陥ってしまい、これ以降の規格の正確な要求内容がわからないまま、構築・運用することを繰り返してしまいかねません。

そこで、この言葉の定義をよく読んで、どのような意味で使用しているかをとらえてから本文を読むことが大事です。とくに、間違って使用するケースが多くみられるものに、**図表4-10**のような言葉があります。「管理手段とモニタリング」「修正と是正処置」「妥当性確認と検証」を間違って使用しているのです。

具体的な説明を、**図表4-11**に一部記載するので確認してください。

第4章　構築（1）準備段階

図表4-10　間違いやすい言葉の定義

3.8 管理手段

重要な食品安全ハザードを予防又は許容水準まで低減させるために不可欠な処置、若しくは活動

注記1：重要な食品安全ハザードも参照
注記2：管理手段は、ハザード分析により特定される

3.27 モニタリング

システム、プロセス又は活動の状況を確定すること

注記：モニタリングは、活動の最中に適用され、規定された時間内の行動に対する情報を提供する

3.9 修正

検出された不適合を除去するための処置

注記1：修正には、安全でない可能性がある製品の処理を含む、したがって、是正処置と併せて行うことができる
注記2：修正は、例えば、再加工、更なる加工、及び／又は（他の目的に使用するために処分すること、又は特定のラベル表示すること等）不適合の好ましくない結果を除去することが挙げられる

3.10 是正処置

不適合の原因を除去し、再発を防止するための処置

注記1：不適合の原因には、複数の原因がある場合がある
注記2：是正処置は、原因分析を含む

3.44 妥当性確認

〈食品安全〉 管理手段（又は管理手段の組合わせ）が重要な食品安全ハザードを効果的に管理できる証拠を得ること

3.45 検証

客観的証拠を提示することによって、規定要求事項が満たされていることを確認すること

注記1：この規格では、妥当性確認、モニタリング及び検証の間で区別が行われている
・妥当性確認は、活動の前に適用され、意図した結果を実現する能力についての情報を提供する
・モニタリングは、活動の最中に適用され、規定された時間内の行動に対する情報を提供する
・検証は、活動後に適用され、適合の確認に関する情報を提供する

図表4-11 用語の定義

用語	規格での定義	もう少し具体的に説明すると
3.1 許容水準	組織によって提供される最終製品において、超えてはならない食品安全ハザードの水準	製造工程で管理している基準で、食品のハザードに関連する場合に使用する。組織内で決めているハザードを管理できる基準と考えると良い
3.4 力量	意図した結果を達成するために、知識及び技能を適合する能力	知っている（知識）＋できること（技能）と考えると良い。殺菌機の操作手順は知っているが、操作までは出来ないこともある
3.8 管理手段	重要な食品安全ハザードを予防又は許容水準まで低減させるために不可欠な処置、若しくは活動	重要な食品安全ハザードを抑制するために原料を冷蔵庫や冷凍庫で保管することなど工場で目的に沿ったことをしている
3.9 修正	検出された不適合を除去するための処置	製造工程で不良になったものを系外品として扱う行為で次工程に移動させない
3.10 是正処置	不適合の原因を除去し、再発を防止するための処置	不良になった原因の特定と対策を検討すること。しかも、決めたことを実施して、その後効果が出ているかを評価すること
3.20 フードチェーン	一次生産から消費まで、食品及びその材料の生産、加工、流通、保管及び取扱いにかかわる一連の段階	食品加工を加工する源の多くは、農作物・畜産物や魚介などであり、その流通などを含む製造や小売り等のつながりを言う
3.27 モニタリング	システム、プロセス又は活動の状況を確定すること	殺菌温度を定期的に観察して基準内にあるかを判断する行為などがこれに当たる。監視していること
3.32 外部委託	ある組織の機能又はプロセスの一部を外部の組織が実施するという取決めを行う	組織内で本来可能な業務を外部の組織に依頼することであり、社内で管理するレベルと同等であることが原則。購買とは区別して使用すると良い。購買は、社内で得ることができないものを単に購入することを指す

（7）箇条4〜箇条10の構造

　では、箇条4からの読み方を解説します（**図表4-12**）。この規格を読むにあたって気を付けるべき表現の形式は**図表4-13**のとおりです。

図表4-12　ISO 22000：2018　規格要求事項の構成

4.　組織の状況

4.1 組織及びその状況の理解
4.2 利害関係者のニーズ及び期待の理解
4.3 食品安全マネジメントシステムの適用範囲の決定
4.4 食品安全マネジメントシステム

5.　リーダーシップ

5.1 リーダーシップ及びコミットメント
5.2 方針
5.2.1 食品安全方針の確立
5.2.2 食品安全方針の伝達
5.3 組織の役割、責任と権限

6.　計画

6.1 リスク及び機会への取組み
6.2 食品安全マネジメントシステムの目標及びそれを達成するための計画策定
6.3 変更の計画

7.　支援

7.1 資源
7.2 力量
7.3 認識
7.4 コミュニケーション
7.5 文書化した情報

8.　運用

8.1 運用の計画及び管理
8.2 前提条件プログラム (PRPs)
8.3 トレーサビリティシステム
8.4 緊急事態への準備及び対応
8.5 ハザードの管理
8.6 PRPs及びハザード管理プランを規定する情報の更新
8.7 モニタリング及び測定の管理
8.8 PRPs及びハザード管理プランに関する検証
8.9 製品及び工程の不適合の管理

9.　パフォーマンス評価

9.1 モニタリング、測定、分析及び評価
9.2 内部監査
9.3 マネジメントレビュー

10.　改善

10.1 不適合及び是正処置
10.2 継続的改善
10.3 食品安全マネジメントシステムの更新

図表4-13　規格の読み方の注意点

定義	表現の形式
要求事項	〜しなければならない
推奨	〜することが望ましい
許容	〜してもよい
可能性または 実現能力	〜することができる 〜できる 〜し得る
注記	要求事項の内容を理解するための、又は明確に するための手引き

（8）すべてを実施すべきか

　ここで重要なことを述べます。それは、規格で要求されていること
をそのまま直接実施しようとしないことです。

　規格要求事項を何度もよく読んで、これら規格要求事項の目的（意
図）を理解することが重要です（**図表4-14**）。

　食品安全マネジメントに関する対策は、既に会社で実施しているこ
とがたくさんあります。それを棚に上げて新たに取り組んでしまう
と、ダブルで社内ルールをつくることになって混乱を招きます。

　この規格要求事項の目的（意図）を解釈するのは、組織側がするこ
とです。これをスキップして、「どのようにやるか」に終始しないこ
とが大事です。この目的（意図）を考えながら良く読むことが最初に
必要です（**図表4-15**）。

　そこで、読者の皆さんが意図を考えてイメージする際の手助けのた
めに、**図表4-16**に要求事項の意図について補足的な説明を付け加え
ました。

第4章 構築（1）準備段階

図表4-14 規格要求事項の目的（意図）

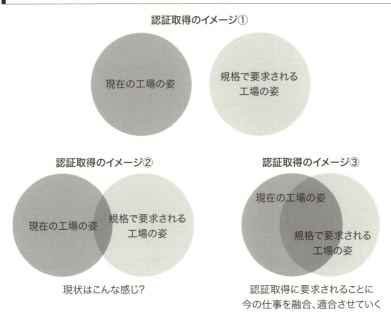

図表4-15 成功のキーワード

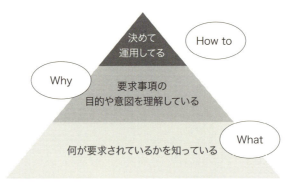

図表4-16　要求事項とその意図についての補足説明

条項番号		ISO 22000：2018 要求事項	要求事項の意図の補足説明
		4. 組織の状況	
4.1 組織及びその状況の理解	①	組織は、組織の目的に関連し、かつ、そのFSMSの意図した結果を達成する組織の能力に影響を与える、外部及び内部の課題を明確にしなければならない。	組織の現在の状況を良くみると、その状況を作り出す内的原因や外的原因を明確にすることができます。これが食品安全マネジメントシステム（FSMS）そのものの目的につながっています。その状況がFSMSの意図した結果に影響を与えることによって、意図しない問題が発生します。問題が発生する可能性と問題が与える影響の大きさがリスク及び機会になります。食品安全に関する問題点（課題）を明確にすることが大事になります。この状況と社内の状況を整理しておくことが大事になります。例えば、「特定の原料が不作である」、「売り手市場になっており人員が確保できない」「季節変動が大きい、好みを列挙するのではない」こと、などは、この状況は刻々と変化することが常であるから必要としています。社内で振り返ることでアップデートすることが必要になります。一方、好ましい要因又は状態によって、意図した結果以上の結果が得られる可能性や、意図しない結果しか得られない可能性がやその結果が与える影響の大きさです。
	②	組織は、これらの外部及び内部の課題に関する情報を特定し、レビューし、更新しなければならない。	
	注記1	課題には、検討の対象となる、好ましい要因又は状態、及び好ましくない要因又は状態が含まれ得る。	
	注記2	組織の状況の理解は、国内、地方又は地域を問わず、国際、技術、競争、市場、文化、社会及び経済の環境、サイバーセキュリティ及び食品偽装、食品防御の環境、食品防御的の汚染、組織の知識や予備パフォーマンスを含む、食品防御の環境を含む。ただし、これらに限定されるわけではない。外部及び内部の課題を検討することにつなぐことで容易になり得る。	
4.2 利害関係者のニーズ及び期待の理解	①	組織が食品安全に関して適用される法令、規制及び顧客要求事項を満たす製品及びサービスを一貫して提供できる能力をもつことを確実にするために、組織は、次の事項を明確にしなければならない。	組織が、関連している法規制（食品衛生法、JAS法、自治体の条例）が示す規定や顧客と合意している基準（製造基準や品質要求関連）の製品が提供できるように、関連するメーカー・加工業者・輸送業者と合意した要求（約束）事項を明確にしておきます。これらも必要に応じて振り返り、アップデートをしておきます。
	a)	FSMSに密接に関連する利害関係者；	
	b)	FSMSに密接に関連する利害関係者の要求事項；	
	②	組織は、利害関係者及び利害関係者の要求事項に関する情報を特定し、レビューし、更新しなければならない。	

第4章

83

第4章 構築（1）準備段階

条項番号	ISO 22000：2018 要求事項		要求事項の意図の補足説明
4.3 食品安全マネジメントシステムの適用範囲の決定	①	組織は、FSMSの適用範囲を定めるために、その境界及び適用可能性を決定しなければならない。	食品安全マネジメントシステムをどの製造ラインに適用させるかを決めておきます。例えば、対象工場、工場内のどの製造ライン、製品カテゴリー単位、製品種類などです。どの場合でも関連する機能として、購買、開発、ユーティリティなどを適用範囲に入れておかなければならないといってしまいます。そして、この時に考慮しなければならない点が決定した課題が決定しない訳ではありません。同時に基準などの要求事項を考慮することにできるでしょう。
	②	適用範囲は、FSMSが対象とする製品及びサービス、プロセス及び生産工場を規定しなければならない。	
	③	適用範囲は、最終製品の食品安全に影響を与え得る活動、プロセス、製品及びサービスを含まなければならない。	
	④	この適用範囲を決定するとき、組織は、次の事項を考慮しなければならない。	
	a)	4.1に規定する外部及び内部の課題：	
	b)	4.2に規定する要求事項：	
	⑤	適用範囲は、文書化した情報として利用可能な状態にし、実施し、維持し、更新し、かつ、継続的に改善しなければならない。	
4.4 食品安全マネジメントシステム	①	組織は、この規格の要求事項に従って、必要なプロセス及びそれらの相互作用を含む、FSMSを確立し、実施し、維持し、更新し、かつ、継続的に改善しなければならない。	
5 リーダーシップ			
5.1 リーダーシップ及びコミットメント	①	トップマネジメントは、次に示す事項によって、FSMSに関するリーダーシップ及びコミットメントを実証しなければならない	トップマネジメントは、会社の代表、経営層の幹部、工場長などを検討すると良いです。リーダーは、衛生管理を遂行していくために必要な人材やインフラなどの設備検討の結果に回答を出すことができる立場の人が適任です。コミットメントとは、社会や従業員に対する約束事を宣言することだと捉えると良いでしょう。
	a)	FSMSの食品安全方針及び目標を確立し、それらが組織の戦略的な方向性と両立することを確実にする	
	b)	組織の事業プロセスへのFSMSの要求事項の統合を確実にする	
	c)	FSMSに必要な資源が利用可能であることを確実にする	
	d)	有効な食品安全マネジメントの重要性を伝達し、かつ、FSMS要求事項、適用される法令・規制要求事項、並びに食品安全に関する相互に合意した顧客要求事項に適合する	
	e)	FSMSが、その意図した結果（4.1参照）を達成するように評価及び維持されることを確実にする	
	f)	FSMSの有効性に寄与するような人々を指揮し、支援する	
	g)	継続的改善を推進する	
	h)	その他の関連する管理職がその責任の領域においてリーダーシップを実証することを支援するよう、管理層の役割を支援する	
	注記	この規格で"事業"という場合、それは、組織の存在の目的の中核となる広義の意味で解釈されれば良い。	

第4章

5.2方針	5.2.1 食品安全方針の確立	①	トップマネジメントは、次の事項を満たす食品安全方針を確立し、実施に対して適切に、維持しなければならない。	
			a) 組織の目的及び状況に対して適切である	
			b) FSMSのための枠組みを与える	
			c) 食品安全に適用される法令・規制要求事項及び相互に合意した顧客要求事項を含む該当する食品安全要求事項を満たすことへのコミットメントを含む	
			d) 内部及び外部コミュニケーションに取組む	
			e) FSMSの継続的改善へのコミットメントを含む	
			f) 食品安全に関する力量を確保する必要性に対する取組	
	5.2.2 食品安全方針の伝達		食品安全方針は、次の事項を満たさなければならない:	会社の食品安全方針を全く知らない従業員が全く知らないということがないように、周知することについて述べています。社内掲示や社内報、ノート、社内の文書などを活用すると良いでしょう。重要なことは、食品安全マネジメントシステムを取り入れている理由を従業員に理解させることです。社外に対しても活用します。CSRレポートやHPなども活用します。
			a) 文書化した情報として利用可能な状態にされ、維持される:	
			b) 組織内の全ての階層に伝達され、理解され、適用される:	
			c) 必要に応じて、密接に関連する利害関係者が入手可能である。	
5.3組織の役割、責任及び権限	5.3.1	①	トップマネジメントは、関連する役割に対して、責任及び権限が割り当てられ、組織内に伝達され、理解されることを確実にしなければならない。	会社内の組織体制は、従来から決まっている責任のままにすると良いでしょう。例えば、職務分掌や職務分担表などに食品安全に関する取り組みが必要なら追加することもできます。食品安全マネジメントシステムの核となることが多いので、選任には十分な配慮が必要です。
		②	トップマネジメントは、次の事項に対して、責任及び権限が割り当てられていなければならない:	
			a) FSMSが、この規格の要求事項に適合することを確実にする。	
			b) FSMSのパフォーマンスをトップマネジメントに報告する:	
			c) 食品安全チーム及び食品安全チームリーダーを任命する:	
			d) 処置を開始し、文書化する明確な責任及び権限をもつ人を指名する:	
	5.3.2	①	食品安全チームリーダーは、次の点に責任を持たなければならない	食品安全チームリーダーの持つ責任は重大であり、チーム統括と教育訓練に前向きで、トップマネジメントに全てをありのまま報告に前向きで、トップマネジメントに全てをありのままの改善を実行する柔軟性が求められます。
			a) FSMSが確立され、実施され、維持され、また更新されることを確実にする。	
			b) 食品安全チームを管理し、その業務をまとめる:	
			c) 食品安全チームに対する関連する訓練及び力量(7.2参照)を確実にする:	
			d) FSMSの有効性について、トップマネジメントに報告する。	
	5.3.3	①	全ての人々は、FSMSに関連する問題をあらかじめ決められた人に報告する責任を持たなければならない。	

85

6 計画

条項番号			ISO 22000：2018 要求事項	要求事項の意図の補足説明
6.1 リスク及び機会への取組み	6.1.1	①		FSMSの計画を策定するとき、組織は、4.1に規定する課題及び4.2並びに4.3に規定する要求事項を考慮し、次の事項のために取り組む必要があるリスク及び機会を決定しなければならない。	社内の仕組みを利用して改善の度合いに関するリスク及び機会を対象としています。5S活動などが現場に浸透させる管理レベルが向上しているのは、好ましい事象ですから代表的な事例です。食品安全ハザードに関するリスク及び機会は、箇条8の運用の中でハザード分析を実施するところで取り扱います。
		a)	FSMSが、その意図した結果を達成できるという確信を与える：	
		b)	望ましい影響を増大する：	
		c)	望ましくない影響を防止又は低減する：	
		d)	継続的改善を達成する。	
		注記	この規格において、リスク及び機会という概念は、FSMSのパフォーマンス及びその有効性に関する事象及び、その結果に限定される。公衆衛生上のリスクをもつのは規制当局である。組織は食品安全ハザード（3.22参照）のマネジメントを要求されており、このプロセスに関する要求事項は箇条8に規定されている。	
	6.1.2	a)	上記によって決定したリスク及び機会への取組み：	
		b)	次の事項を行う方法： 1) その取組みのFSMSプロセスへの統合及び実施； 2) その取組みの有効性の評価	
	6.1.3	①	組織がリスク及び機会に取り組むために取った処置による効果は、次のものと見合ったものでなければならない：	リスクや機会に対する活動で最低限不可欠な要素として、工程管理基準、品質基準を守ることを言っています。さまざまな要求事項や
		a)	食品安全要求事項への適合；	
		b)	顧客へのサービスの適合；	
		c)	フードチェーン内の利害関係者の要求事項。	
		注記1	組織がリスク及び機会に取り組むために取った処置には、リスクを回避すること、あるリスクを追及するためにそのリスクを取ること、リスク源を除去すること、起こりやすさ若しくは結果を変えること、リスクを共有すること、又は情報に基づいた意思決定によってリスクの存在を容認することが含まれ得る。	
		注記2	機会は、新たな慣行（製品又はプロセスの修正）の採用、新たな技術の使用、及び組織又はその顧客の食品安全ニーズに取り組むためのその他の望ましくかつ実行可能な可能性につながり得る。	

第4章

6.2 食品安全マネジメントシステムの目標及びそれらを達成するための計画策定	6.2.1	① 組織は、関連する機能及び階層において、FSMSの目標を確立しなければならない。FSMSの目標は、次の事項を満たさなければならない： a) 食品安全方針と整合している； b) （実行可能な場合）測定可能である； c) 法令、規制及び顧客要求を含み、適用される食品安全要求事項を考慮に入れる； d) モニタリングし、検証する； e) 伝達する； f) 必要に応じて、維持及び更新する。 ② 組織は、FSMSの目標に関する、文書化した情報を保持しなければならない。	トップマネジメントが制定した食品安全方針は、会社全体の方向性（ベクトル）を示すものであり、具体的な活動の展開はそれぞれの持つ役割によって活動してくることになります。従って具現化する食品安全目標として何らか具体的な目標が必要になることが多いのですが、もう少し間隔を縮めて（例えば、3ヶ月毎）振り返ると課題も明確になり、改善策もわかり易く、そして改善実行にもつながります。そのために必要な活動の内容を明確につなげます。それらは記録にしておいてください（モニタリングという）。後に、どのような改善活動をしてどのような状態にになったかを判定し易くなります。
	6.2.2	① 組織は、FSMSの目標をどのように達成するかについて計画するとき、次の事項を決定しなければならない： a) 実施事項； b) 必要な資源； c) 責任者； d) 実施事項の完了時期； e) 結果の評価方法。	活動の内容には、実施項目など具体的な事柄を示します。
6.3 変更の計画		① 組織が、人の変更を含めてFSMSへの変更の必要性を決定した場合、その変更は、計画的な方法で行われ、伝達されなければならない。次の事項を考慮しなければならない： a) 変更の目的及びそれによって起こり得る結果； b) FSMSが継続して完全性に整っている； c) 変更を効果的に実施するための資源の利用可能性； d) 責任及び権限の割当て又は再割当て。	ここで取り扱う変更とは、会社内の仕組みに関する変更のことで、機械設備（Machine）、原料包材（Material）、作業や製造条件（Method）、担当者（Man）のこれら4Mの変更及び8.6のPRPsを規定するプラン、8.6のハザード管理プランのこと、ですから、大きい意味での人の変更、例えば、人員が増加する、減少する、責任や権限の変更、人事異動等は、ここで取り扱います。設備を大きい意味での変更、新しく増設、外注に移設したこと等はここで取り扱います。

7 支援

7.1 資源	7.1.1 一般	① 組織は、FSMSの確立、実施、維持、更新及び継続的な改善に必要な資源を明確にし、提供しなければならない。 組織は、次の事項を考慮しなければならない： a) 既存の内部資源の実現能力及びあらゆる制約； b) 外部資源の必要性。	
	7.1.2 人々	① 組織は、効果的なFSMSを運用及び維持するために必要な人々（力量）があることを確実にしなければならない。	

条項番号		ISO 22000：2018 要求事項	要求事項の意図の補足説明
	②	FSMS の構築、実施、運用並びに外部の専門家の協力が必要な場合は、外部の専門家の力量、責任及び権限を定めた合意の記録又は契約を、文書化した情報として利用可能な状態に保持しなければならない。	
7.1.3 インフラストラクチャ		組織は、FSMS の要求事項に適合するために必要とされるインフラストラクチャの明確化し、確立と維持のための資源を提供しなければならない。	
	注記	インフラストラクチャには、次のものが含まれ得る： - 土地、輸送用設備、建物及び関連ユーティリティ； - 設備、これにはハードウェア及びソフトウェアを含む； - 輸送； - 情報通信技術。	
7.1.4 作業環境		組織は、FSMS の要求事項に適合するために必要な作業環境の確立と維持のための資源を明確にし、提供し、維持しなければならない。	
	注記	適切な環境は、つぎのような人的及び物理的要因の組合せであり得る： a) 社会的要因（例えば、非差別的、平穏、非対立的） b) 心理的要因（例えば、ストレス軽減、燃え尽き症候群防止、心のケア） c) 物理的要因（例えば、気温、熱、湿度、光、気流、衛生状態、騒音） これらの要因は、提供する製品及びサービスによって大いに異なり得る。	
7.1.5 外部で開発された食品安全マネジメントシステムの要素	①	組織は、FSMS の、PRPs、ハザード分析及びハザード管理プラン（8.5.4 参照）をつくり上げるために要求される製品又は、その FSMS の要素を確立、維持、更新及び改善の使用をする場合、組織は、提供された要求が次のとおりであることを確実にしなければならない：	業界団体やコンサルタントが作成した PRP や HACCP 関連の資料は、自社の実態に合ったものであること、最新であること、そうしておかなければ役に立たないことを言っています。文書や記録は形式よりも内容が重要で、注意が必要です。
	a)	この規格の要求事項に適合している。	
	b)	組織の現場、プロセス及び製品に適合可能である；	
	c)	食品安全チームによって、組織のプロセス及び製品に特に適応させている；	
	d)	この規格で要求されているように実施、維持及び更新されている；	
	e)	文書化した情報として保持されている。	

第4章

7.1.6 外部から提供されるプロセス、製品及びサービスの管理	①	組織は、次の事項を行わなければならない： a) プロセス、製品及び/又はサービスの外部提供者の評価、選択、パフォーマンスのモニタリング及び再評価を行うための基準を確立し、適用する： b) 外部提供者に対して、要求事項を適切に伝達する： c) 外部から提供されるプロセス、製品及び/又はサービスが、FSMSの要求事項を一貫して満たすことができる組織の能力に悪影響を与えないことを確実にする： d) これらの活動及び、評価並びに再評価の結果としての必要なあらゆる必要な処置について、文書化した情報を保持する。	原料や包材を供給する業者及びアウトソーシングしている業者及びアウトソースをお願いしている業者と合意した上で、これらの業者に対するモニタリング評価の方法を明確にして、定期的に実施して記録に残し、必要な対応を実行することが求められています。つまり、このサイクルの中でPDCAを回すことです。
7.2 力量	①	組織は、次の事項を行わなければならない。 a) 組織の食品安全パフォーマンスがFSMSの有効性に影響を与える業務に、その管理下で行う外部提供者を含めた、人（又は人々）に必要な力量を決定する： b) 適切な教育、訓練、及び/又は経験に基づいて、食品安全チーム及びハザード管理プランの運用に責任をもつ者を含め、その人々の力量を備えていることを確実にする： c) 食品安全チームが、FSMSを構築する上で、実施する。多くの分野にわたる知識及び経験を合わせもつことを確実にする（FSMSの適用範囲内での組織の製品、工程、装置及び食品安全ハザードを含む、これらに限らない）： d) 該当する場合には、必ず、必要な力量を身に付けるための処置をとり、とった処置の有効性を評価する： e) 力量に関する適切な文書化した情報を保持する。 注記 適用される処置には、例えば、現在雇用している人々に対する教育訓練の提供、配置転換の実施などがあり、また、力量を備えた人々の雇用、そうした人々との契約締結なども取り得る。	組織の中で役割は色々あります。業務を遂行するために必要な知識と実際に作業ができて欲しいことを明らかにするのがよいかと思っています。業務の内容を中心に考えると良いと思います。必ずしも100点満点の担当者だけではありません。そこで不足があれば、必要な知識の補充や訓練などによる作業の精度を高めるようにしていくことです。この場合、知識の習得がどの程度できるようになったのか、また作業がどの程度できるようになったのか、知識の測定が必要となり、効果の測定が必要となり、受けた側に与えたということを忘れないでチェックしてください。理解できなかった理由もあるということを忘れないでください。例えば、訓練期間が短いからかという、等の理由です。これを明らかにして次の教育や訓練に活かして改善に活かし、力量の浅い人から学んだ、CCPやOPRPの担当者などには特別な力量が必要となります。食品安全チームメンバーも不足している各項目に対する教育や訓練の機会が与えられることになります。
7.3 認識	①	組織は、組織の管理下で働く全ての関連する人々が、次の事項に関して認識をもつことを確実にしなければならない： a) 食品安全方針： b) 彼らの職務に関連するFSMSの目標： c) 食品安全パフォーマンスの向上によって得られる便益を含む、FSMSの有効性に対する自らの貢献： d) FSMS要求事項に適合しないことの意味。	食品業界に携わる人には必要不可欠な認識です。この認識を持たせる機会をも忘れないようにしてください。

89

第4章　構築（1）準備段階

条項番号		ISO 22000：2018 要求事項	要求事項の意図の補足説明
7.4 コミュニケーション	7.4.1 一般	① 組織は、次の事項の決定を含む、FSMSに関連する内部及び外部のコミュニケーションを決定しなければならない： a) コミュニケーションの内容： b) コミュニケーションの実施時期： c) コミュニケーションの対象者： d) コミュニケーションの方法： e) コミュニケーションを行う人。	コミュニケーションを決定するとは、内部や外部についての社内における手続きを明確にしておくと良いです。どの要素としても大事なことが要求されていると解釈するとスムーズです。新たな対応の前に現状を整理して不足箇所を補うことが大切です。
		② 組織は、食品安全に影響を与える活動を行う全ての人が、効果的なコミュニケーションの要求事項を理解することを確実にしなければならない。	
	7.4.2 外部コミュニケーション	① 組織は、十分かつ有効な情報が外部に伝達され、かつ、フードチェーンの利害関係者が利用できることを確実にしなければならない。	コミュニケーションとは、インフォメーションと違って相互に理解することが大事です。そのためには、対象となる事項について精通した方が担当していることが望ましいです。例えば、原料の品質基準のやり取りなどでは、品質保証や研究開発、購買の担当者が初期の内容確認、変更の内容検討がされることになります。また、使用する商品の説明をしておくことが重要です。営業やマーケティングの担当者が正確な製品を確認し、変更された基準が妥当であるかの検討がされることになります。また、法律や規制の変更点も業界団体からのアナウンスや自らの法改正を調査して、社内に展開することが必要となります。
		② 組織は、次のものとの有効なコミュニケーションを確立し、実施し、かつ、維持しなければならない： a) 外部提供者及び／又は契約者： b) 次の事項に関する顧客及び／又は消費者 1) フードチェーン内での製品による製品の取扱い、及び／又は消費者列、保管、調理、流通及び使用に関する製品情報。 2) フードチェーン内の他の組織による、特定された食品安全ハザード： 3) 修正を含む、契約した取決め、引合い及び発注： 4) 苦情を含む、顧客及び／又は消費者のフィードバック： c) 法令・規制当局 d) FSMSの有効性又は更新に影響する、またはそれによって影響されるその他の組織。	
		③ 指定された者は、食品安全に関するあらゆる情報を外部に伝達するための、明確な責任及び権限を持たなければならない。	
		④ 該当する場合、外部とのコミュニケーション（9.3参照）及びFSMSの更新（4.4及び10.3参照）へのインプットとして含めなければならない。	
		⑤ 外部コミュニケーションの証拠は、文書化した情報として保持しなければならない。	

7.4.3 内部コミュニケーション

① 組織は、食品安全に影響を及ぼす問題を伝達する目的を達成するための効果的なシステムを確立し、実施し、かつ、維持しなければならない。

② 組織は、FSMSの有効性を維持するために、次における変更があればタイムリーに食品安全チームに知らせることを確実にしなければならない。

a) 製品又は新製品；

b) 原料、材料及びサービス；

c) 生産システム及び装置；

d) 装置の配置、周囲環境；

e) 清掃・洗浄及び殺菌・消毒プログラム；

f) 包装、保管及び流通システム；

g) 力量及び/又は責任・権限の割当て；

h) 適用される法令・規制要求事項；

i) 食品安全ハザード及び管理手段に関連する知識；

j) 組織が順守する、顧客、業界及びその他の要求事項；

k) 外部の利害関係者からの関連する引き合い及びコミュニケーション；

l) 最終製品に関連した食品安全ハザードを示す苦情情報及び警告；

m) 食品安全に影響するその他の条件。

③ 食品安全チームは、FSMS (4.4及び10.3参照) を更新する場合に、この情報が含められることを確実にしなければならない。

④ トップマネジメントは、関連情報をマネジメントレビューのインプット (9.3参照) として含めることを確実にしなければならない。

（解説） 社内の「報連相」に該当するところであり、食品安全に関連する重要な変更点は、やはり4Mにあります。また、社内内部や外部からの情報についてどのように伝達して、その後どのように確認するか、その仕組みがこの要求事項として考えてください。それを具体的に示しているのがこの要求事項です。

食品安全マネジメントシステム内での変更を社内によく共有化しておいてください。

7.5 文書化した情報

7.5.1 一般

① 組織のFSMSは、次の事項を含まなければならない。

a) この規格が要求する文書化した情報；

b) FSMSの有効性のために必要であると組織が決定した、文書化した情報；

c) 法令・規制当局及び顧客が要求する、文書化した情報及び食品安全要求事項。

注記：FSMSのための文書化した情報の程度は、次のような理由によって、それぞれの組織で異なる場合がある。
- 組織の規模、並びに活動、プロセス、製品及びサービスの種類；
- プロセス及びその相互作用の複雑さ；
- 人々の力量。

（解説） 文書化しておかなければばらない点を示しています。つまり、管理されるべき文書を維持しなければならない記録があることです。この規格が最低不可欠としてとめています。要求している内容は、54～56ページにまとめてあります。

条項番号			ISO 22000：2018 要求事項	要求事項の意図の補足説明
7.5.2 作成及び更新			文書化した情報を作成及び更新する際は、組織は、次の事項を確実にしなければならない：	文書や記録は、作成や承認された日付、名称、識別方法、識別方法は、どの情報が分かる管理が必要です。外国語の管理が必要な場合は、この対応が必要です。社内に文書管理や記録の管理の方法での対は、これをベースに必要な見直しを加えていけばよいと思います。
		a)	適切な識別及び記述（例えば、タイトル、日付、作成者、参照番号）：	
		b)	適切な形式（例えば、言語、ソフトウェアの版、図表）及び媒体（例えば、紙、電子媒体）：	
		c)	適切性及び妥当性に関する、適切なレビュー及び承認。	
7.5.3 文書化した情報の管理	7.5.3.1	①	FSMS及びこの規格で要求されている文書化した情報は、次の事項を確実にするために、管理しなければならない：	
		a)	文書化した情報が、必要なときに、必要なところで、入手可能かつ利用可能に適した状態である：	
		b)	文書化した情報が十分に保護されている（例えば、機密性の喪失、不適切な使用及び完全性の喪失からの保護）。	
	7.5.3.2	①	文書化した情報の管理に当たって、組織は、該当する場合には、必ず、次の行動を取り組まなければならない：	
		a)	配付、アクセス、検索及び利用：	
		b)	読みやすさが保たれることを含む、保管及び保存：	
		c)	変更の管理（例えば、版の管理）	
		d)	保持及び廃棄：	
		②	FSMSの計画及び運用のために組織が必要と決定した外部からの文書化した情報は、必要に応じて識別し、管理しなければならない。	
		③	適合の証拠として保持する文書化した情報は、意図しない改変から保護しなければならない。	
		注記	アクセスとは、文書化した情報の閲覧だけの許可に関する決定、又は、文書化した情報の閲覧及び変更の許可及び変更に関する決定を意味し得る。	
8 運用				
8.1 運用の計画及び管理		①	組織は、次に示す事項の実施によって、安全な製品の実現に対する要求事項を満たすため、及び6.1で決定した取組みを実施するために必要なプロセスを計画し、実施、管理、維持、かつ、更新しなければならない：	
		a)	プロセスに関する基準の設定：	
		b)	その基準に従った、プロセスの管理の実施：	

組織の業種や業態、規模に応じた前提条件プログラムを明確にしておく必要があります。必要な文書化情報には入っていませんが、確立した内容を明確にしておく必要、必要な変更、確実な実行、その状態の確認が続いていること、また、必要な修正などの更新がされていくかを確認することは不可欠であり、その範囲でやっては…文書化が必要でしょう。*文書化の意図は、258～259ページを参考にしてできて、これらの全てに対して効果を果たしていくための検証結果は必要と考えます。これは確実な改善を決めていくための記録であり、どの分野からつきが発生し…するために必要な作業などは…どの分野からつきが発生し異常くリスクとなってしまう特定の作業員などは、作業標準をしっかりと取り組み立て放置する管理する作業などは、社内全体の部署で取り扱い掛かる内容、例えば、防止活動などを活動しやすくなります。また、社内ルールを明確にしておくことが分解しての洗浄後に組み立てして放置する管理するなどが肝心です。

8.2 前提条件プログラム(PRPs)	8.2.1	①	c) プロセスが計画どおりに実施されたことを示すための確信をもつための及びそれを必要な程度の、文書化した情報の保存。
		②	組織は、計画した変更を管理し、意図しない変更によって生じた結果をレビューし、必要に応じて、あらゆる有害な影響を軽減する処置をとらなければならない。
		③	組織は外部委託したプロセスが管理されていることを確実にしなければならない。(7.1.6参照)。
	8.2.1	①	組織は、製品、製品加工工程及び作業環境での汚染(食品安全ハザードを含む)の予防及び/又は低減を容易にするために、PRP(s)を確立、実施、維持及び更新しなければならない。
	8.2.2	①	PRP(s)は、次のとおりでなければならない。
		a)	食品安全に関して組織のニーズに適している;
		b)	作業の規模及び種類並びに、製造される及び/又は取り扱われる製品の性質に適している;
		c)	全般に適用されるプログラムとして、又は特定の製品若しくは工程に適用されるプログラムとして、生産システム全体で実施されている;
		d)	食品安全チームによって承認されている。
	8.2.3	①	PRP(s)を選択及び/又は確立する場合、組織は、適用される法令、規制及び/又は相互に合意された顧客要求事項が特定されることを確実にしなければならない。組織は、次のことを考慮することが望ましい:
		a)	ISO/TS22002シリーズの該当するパート;
		b)	該当する規格、実施規範及び指針
	8.2.4	①	PRP(s)を確立する場合、組織は、次の事項を考慮しなければならない:
		a)	建造物、建物の配置、及び付随するユーティリティ;
		b)	ゾーニング、作業区域及び従業員施設を含む構内の配置;
		c)	空気、水、エネルギー及びその他のユーティリティの供給;
		d)	ペストコントロール、廃棄物及び汚水処理並びに支援サービス;
		e)	装置の適切性並びに清掃、保守及び予防保守のためのアクセスの可能性;
		f)	供給者の承認及び保証プロセス(例えば、原料、材料、化学薬品及び包装);
		g)	搬入される材料の受け入れ、保管、発送、輸送及び製品の取り扱い;

第４章 構築（1）準備段階

条項番号		ISO 22000：2018 要求事項	要求事項の意図の補足説明
	h)	交差汚染の予防手段：	
	i)	清掃・洗浄及び消毒：	
	j)	人々の衛生：	
	k)	製品情報／消費者の認識：	
	l)	必要に応じて、その他のもの。	
	②	文書化した情報は、PRP（s）の選択、確立、適用できるモニタリング及び検証について規定しなければならない。	
8.3 トレーサビリティシステム	①	トレーサビリティシステムは、供給者から納入される材料及び最終製品の最初の流通経路を一意的に特定できなければならない。	
	②	トレーサビリティシステムの確立及び実施の場合、少なくとも、次の事項を考慮しなければならない。	
	a)	最終製品に対する受け入れ材料、原料及び中間製品のロットの関係：	
	b)	材料／製品の再加工	
	c)	最終製品の流通。	
	③	組織は、適用される法令、規制及び顧客要求事項が特定されることを確実にしなければならない。	
	④	トレーサビリティシステムとしての文書化した情報は、少なくとも、最終製品のシェルフライフを含む定められた期間、保持しなければならない。	
	注記	該当する場合、システムの検証は、有効性の証拠として最終製品と材料量との照合をとることが望まれる。	
8.4 緊急事態への準備及び対応	8.4.1 一般		
	①	トップマネジメントは、食品安全に影響を与える可能性があり、またフードチェーンにおける組織の役割に関連する潜在的緊急事態又はインシデントに対応するための手順を確立していることを確実にしなければならない。	緊急事態の対象としてわかり易い例は、地震や落雷、火災、風雪水害などによる停電があります。停電は、ボイラーや冷凍機、水処理の停止につながります。熱源を失った時に影響を受けるのは、原料、包材、加工途中の製品、仕掛中の半製品、最終製品、配送中の製品など多岐にわたり、それぞれの対処の仕方を文書で決めておく必要があります。特に、検査体制と出荷判定のルールがどのようになっているかです。また、復帰した後の確認体制は、役割や責任と直結します。社内の演習とともに外部の連絡が必要となります。これらの決まり事が機能するかは、定期的に起こり得る内容については、必要があるということと、その演習から得られた課題や知見を明確に記録してしておくことと必要です。演習を実施したら、その都度実施し、必要な対応をしておくことを確実にしておかないといけません。演習時期や演習内容を定めた計画を立案しておくと良いでしょう。
	②	これらの状況及びインシデントを管理するために、文書化した情報を確立し、維持しなければならない。	
	8.4.2 緊急事態及びインシデントの処理		
	①	組織は、次の事項を行わなければならない：	
	a)	次により、実際の緊急事態及びインシデントに対応する： 1) 適用される法令・規制要求事項が特定されることを確実にする； 2) 内部コミュニケーション； 3) 外部コミュニケーション（例えば、供給者、顧客、該当する機関、メディア）：	

8.5 ハザードの管理	8.5.1 ハザード分析を可能にする予備段階	8.5.1.1 一般	b) 緊急事態又はインシデントは潜在的な食品安全への影響の度合いに応じて、緊急事態のもたらす影響を低減する処置をとる； c) 実務的であれば、手順を定期的に試験する； d) 何らかのインシデント、緊急事態又は試験の後は、文書化した情報をレビューし、必要に応じて更新する。 注記 食品安全及び/又は生産に影響を与える可能性のある緊急事態の例は、自然災害、環境事故、バイオテロ、作業場の事故、公衆衛生での緊急事態及びその他の不可欠なサービス（例えば、水、電力）又は冷媒の供給などのサービスの中断である。	
			① ハザード分析を実施するために、食品安全チームは次の事項を収集し、維持し、更新しなければならない： a) 適用される法令、規制及び顧客要求事項： b) 組織の製品、工程及び装置： c) FSMSに関連する食品安全ハザード	扱っている原料、材料、加工助剤、包材、製品中身が接触する備品についてを対象としています。
		8.5.1.2 原料、材料及び製品に接触する材料の特性	① 組織は、全ての原料、材料及び製品に接触する製品に対するハザード分析に関して、適用される全ての法令・規制食品安全要求事項が特定されることを確実にしなければならない。 組織は、全ての原料、材料及び製品に接触する材料に関して、必要に応じて、次のものを含めて、ハザード分析（8.5.2参照）を実施するために必要となる範囲で文書化した情報を維持しなければならない： a) 生物学的、化学的、物理的特性： b) 添加物及び加工助剤を含む、配合された材料の組成： c) 由来（例えば、動物、鉱物、植物又は野菜）： d) 原産地（出所）： e) 生産方法： f) 包装及び配送の方法： g) 保管条件及びシェルフライフ： h) 使用又は加工前の準備及び/又は取扱い： i) 意図した用途に適した、購入材料及び材料の食品安全に関連する資料及び合否判定基準又は仕様。	正確なハザード分析に不可欠な情報を文書で入手しておくことです。この場合、品質規格書内に特性、組成などの情報がどのようなものかを知っておく必要がある訳です。これらのものに関する法的な規制がどのようになっているかですから、これらの規格書に記載して買うのがよいと思います。自分たちが調査して試験方法して記載してもよいです。特に包材の場合は、食品衛生法370号の規制内容を知っておくことです。そのうえで公的な検査機関で実施した試験結果の報告書も入手しておくことです。SDSは、特性の一部が記載されているだけで、製品向けであることを法律上証明しているケースは、ほとんどありません。製造に使用している備品の対象は、ヘラ、ザル、ホース類、パッキン、ガスケットなどいろいろあります。使用する条件や材質が記載されている仕様書もあるので、これらも法規制の対象とするものを入手しておくと使用中のハザードが明らかになり、正確な分析ができます。

条項番号	ISO 22000:2018 要求事項		要求事項の意図の補足説明
8.5.1.3 最終製品の特性	①	組織は、生産を意図している全ての最終製品に対する適用される全ての法令・規制値及び食品安全要求事項が特定されることを確実にしなければならない。	これは、製品規格書や基準書などでは社内文書などどこかに文書があると思います。ただし、規格書などの特性に該当には変更があったりします。また、加熱前、加熱後をなかなどの使用方法について記載しておく必要があります。調理食品には注意が必要です。
	②	組織は、最終製品の特定に関して、次のものの情報を含めて、ハザード分析(8.5.2参照)を実施するために必要となる範囲で文書化した情報を維持しなければならない。	
	a)	製品名又は同等の識別:	
	b)	組成:	
	c)	食品安全に関連する生物学的、化学的、物理学的特性:	
	d)	意図したシェルフライフ及び保管条件:	
	e)	包装:	
	f)	食品安全に関する表示又は取扱い、調理及び意図した用途に関する説明:	
	g)	流通及び配送の方法	
8.5.1.4 意図した用途	①	意図した用途は、合理的に予測される最終製品の取扱いを含めて、最終製品の意図しないとはいえないが合理的に予測されるあらゆる誤った取扱い及び誤使用を考慮し、かつ、ハザード分析(8.5.2参照)を実施するために必要となる範囲で文書化した情報を維持しなければならない。	上記の製品規格書や基準書などに記載されているケースが多くあります。アレルゲンに敏感な方、子供や妊婦の方、お年寄りの方に、注意が必要な消費者への正確な情報です。
	②	必要に応じて、各製品に対して、消費者/ユーザーのグループを特定しなければならない。	
	③	特定の食品安全ハザードに対して、特に無防備と判明している消費者/ユーザーのグループを特定しなければならない。	
8.5.1.5 フローダイアグラム及び工程の記述			
8.5.1.5.1 フローダイアグラムの作成	①	食品安全チームは、FSMSが対象とする製品及び製品カテゴリー及び工程に対する文書化した情報として、フローダイアグラムを作成し、維持及び更新しなければならない。	フローダイアグラムは、現場で製造加工する工程の順位を示すものです。現場のミニチュア版ですので、正確でハザード分析に必要な情報が記載されており、上流に戻って加工がされるものか、廃棄されるものか、どの工程でどのような処理をしているのかが良いです。順番が違うことが無いように、圧縮空気、フローによる変更の封入やエラー一般送、氷で冷やす、生蒸気で加熱する工程の封入が欠落していないようにしておくことです。なお、一次包装容器などは、必要なものだけが現場に置くことが重要です。しかし余ったら、どこに戻すなどが必要な重要な要素であります。
	②	フローダイアグラムは工程の図解を示す。フローダイアグラムは、食品安全ハザードの発生、増大、減少又は混入の可能性を評価する基礎として、ハザード分析を行う場合に使用しなければならない。	

	項目	要求事項	解説
		③ フローダイアグラムは、ハザード分析を実施するために必要な範囲内で、正確で、明確で、十分に詳しいものでなければならない。	
		④ フローダイアグラムには、必要に応じて、次の事項を含めなければならない。 a) 作業における順序及び相互関係： b) あらゆる外部委託した工程： c) 原料、材料、加工助剤、包装材料、ユーティリティ及び中間製品がフローに入る箇所： d) 再加工及び再利用が行われる箇所： e) 最終製品、中間製品、副産物及び廃棄物を搬出又は取り除く箇所。	
8.5.1.5.2 フローダイアグラムの現場確認	①	食品安全チームは、現場確認によって、フローダイアグラムの正確さを確認し、必要に応じて更新し、文書化して保持しなければならない。	現場を観察する時に、"間違えやすい工程をチェックするリスト"にして確認すると精度が上がり社内で間違いの水平展開にもなります。
8.5.1.5.3 工程及び工程の環境の記述	①	食品安全チームは、ハザード分析を行うために必要な範囲で、次の事項を記述しなければならない。 a) 食品及び非食品取扱い区域を含む構内の配置。 b) 加工装置及び食品に接触する材料、加工助剤及び材料のフロー。 c) 既存のPRPs、工程のパラメータ（もしある場合）管理手段及び/又は適用の厳しさ、若しくは食品安全に影響を与え得るフロー。 d) 管理手段の選択及び規制当局又は顧客からの、工程に影響を与える可能性のある外部要求事項（例えば、法令及び規制当局又は顧客から）。	製品の原料の動きを示すフローダイアグラムだけでは、ハザード分析は浅くなる傾向があります。加工場のレイアウト図、工程管理値（温度や時間等）があると補えます。又、注意が必要とされる工程の違いなども加味して工程管理をする様に交代で製造する場合、昼と夜の作業のハザードに必要でしょうから、そのような情報がハザード分析に必要です。露出している場所もあります。例えば、異物混入など温度や湿度、異物混入となってしまう作業手順に含まれていれば、これに該当します。これらは最新版で管理しておく必要があります。加工環境入口の内容などが該当します。
	②	予測される季節的な変化又はシフトパターンから生じる変動は、必要に応じて、含めなければならない。	
	③	記述は必要に応じて更新し、文書化した情報として維持しなければならない。	
8.5.2 ハザード分析	8.5.2.1 一般	① 食品安全チームは、管理が必要なハザードを決定するために、事前情報に基づいてハザード分析をしなければならない。	ハザード分析を実際に行うのは、食品安全チームとなるので、この分析がこの工程の安全を担保できるようなレベルでないと困ります。最終製品が、最終消費者に引き続き渡される時に安全を担保するメンバーにハザード分析を一任してください。食品安全を担保できるようなレベルでないと困ります。最終製品が、消費者に引き続き渡される時に安全の保証をしてください。
		② 管理の程度は、食品安全を保証するものでなければならず、必要に応じて、管理手段を組み合わせたものを使用しなければならない。	

第4章

第4章　構築（1）準備段階

条項番号		ISO 22000：2018 要求事項	要求事項の意図の補足説明
8.5.2.2 ハザードの特定及び許容水準の決定			
8.5.2.2.1	①	組織は、製品の種類、工程及び工程の環境の種類に関連して、発生することが合理的に予測されるすべての食品安全ハザードを特定し、かつ、文書化しなければならない。	各工程ごとに記録します。生物学的、化学的、物理的なハザード（危害の発生する要因）を明確にして記録します。この時に使用するのは、事前に入手した情報や経験、業界から得られている知見、過去の苦情や警告や報告であり、法的な要求に照らし合わせて明確になるようにしてください。つまり、どのような質の発生要因を詳しく記載することができるかです。どのような時に、どのように発生してしまうと危害が発生につながるのかを表現することです。
	②	特定は、次の事項に基づつかなければならない：	
		a) 8.5.1に従って収集した事前情報及びデータ：	
		b) 経験	
		c) 可能な範囲で、疫学的、科学的及びその他の過去のデータを含む内部及び外部情報：	
		d) 最終製品、中間製品及び消費者の食品の安全に関連する食品安全ハザードに関するフードチェーンからの情報。	
		e) 法令、規制及び顧客要求事項。	
	注記1	経験は、他の施設における製品及び/又は工程に詳しい人々、スタッフ及び/又は外部専門家からの情報を含めることができる。	
	注記2	法令、規制要求事項は、食品安全目標（FSOs）を含むことができる。コーデックス食品規格委員会は、食品安全目標（FSOs）を"消費者の食品中にあるハザードの最大頻度及び/又は濃度で、適正な保護水準（ALOP）を提供又はこれらに寄与すること"と定義している。	
	③	ハザード評価及び適切な管理手段の選択を可能にするために、ハザードを十分、ハザードを詳細に考慮することが望ましい。	
8.5.2.2.2	①	組織は、各食品安全ハザードが存在し、混入され、増加又は存続する可能性のある段階（例えば、原料の受け入れ、加工、流通及び配送）を特定（又は表現）しなければならない。	食品安全に影響を及ぼすハザードは、最初から存在するのか、混入するのか、増加するのかなどを、明確に捉えます。フードチェーンに沿って加工する工程、加工後や加工工程を含むフローダイアグラムにおける工程、支援の間接業務、蒸気、水、圧縮空気、空気、作業する環境、作業者由来などを考慮して明確にすることです。
	②	ハザードを特定する場合、組織は次の事項を考慮しなければならない：	
		a) フードチェーンにおいて先行及び後続する段階：	
		b) フローダイアグラム中の全ての工程。	
		c) 工程に使用する装置、ユーティリティ/サービス、工程の環境及び要員。	

項番		要求事項	解説
8.5.2.3	①	組織は、特定された食品安全ハザードのそれぞれについて、最終製品における許容水準を可能な限り決定しなければならない。	各工程で許容できる基準が決められる場合には、決めておくことです。製造工程における基準を守っている場合もあり、既に決まっている場合もあります。ただし、最終製品が法的規制事項を守ることが前提であり、どのように使用するかを考慮しましょう。決めた許容水準の決定した根拠は記録に残しておくことも要求されています。
	②	許容水準を決定する場合、組織は次の事項を行わなければならない。	
		a) 適用される法令、規制及び顧客要求事項が特定されることを確実にする;	
		b) 最終製品の意図した用途を考慮する;	
		c) その他の関連情報を考慮する。	
	③	組織は、許容水準の決定及び許容水準を正当化する根拠に関して文書化した情報を維持しなければならない。	
8.5.2.3 ハザード評価	①	組織は、特定されたそれぞれの食品安全ハザードについて、その予防又は許容水準までの低減が必須であるかを決定するために、ハザード評価を実施しなければならない。	特定されたハザードに対してどの程度の重大さがあるかを基準を決めて評価することです。対象ですべてのハザードになります。この基準は、発生する頻度と発生した場合の健康被害装置の程度について重篤性があるか、ないかを組織自体が決めなければなりません。決めた基準に沿ってハザードの評価を記録しておくことが決められています。
	②	組織は、次の事項に関して、それぞれの食品安全ハザードを評価しなければならない:	
		a) 管理手段の適用の前に最終的に発生する起こりやすさ;	
		b) 意図した用途 (8.5.1.4参照) との関連で起きる健康への悪影響の重大さ。	
	③	組織は、あらゆる重要な食品安全ハザードを特定しなければならない。	
	④	使用した評価方法を記述し、また食品安全ハザード評価の結果を文書化した情報として維持しなければならない。	
8.5.2.4 管理手段の選択及びカテゴリー分け			
8.5.2.4.1	①	ハザード評価に基づいて、組織は、特定された重要な食品安全ハザードについて、提示の許容水準を低減して、規定の許容水準を低減又は予防する管理手段の組合せを選択しなければならない。	ハザードを評価した結果、重要とされたハザードを管理するレベルを決定することになります。OPRP又は、重要、CCPで管理するかを決めるのですが、この決め方は、コーデックスのCCP決定樹の手法などを使用することが一般的です。ただし、このコーデックスの決定樹には、OPRPが存在していないことに注意しないといけません。
	②	組織は、選択された管理手段をOPRPs (3.3参照) として管理するか又はCCPs (3.11参照) として管理するようにカテゴリー分けをしなければならない。	
	③	カテゴリー分けは、系統的なアプローチを用いて実施しなければならない。	
	④	選択したそれぞれの管理手段について、次の評価では	

第4章

条項番号	ISO 22000：2018 要求事項	要求事項の意図の補足説明
	a) 機能逸脱の起こる可能性：	
	b) 機能逸脱の場合の結果の重大さ：この評価には、次を含む： 1) 特定された重要な食品安全ハザードへの影響： 2) 他の管理手段との関係における位置： 3) 管理手段が特に、ハザードの許容水準までの低減のために考案され、適用されているか否か。 4) 単一の手段か又は管理手段の組合せの一部であるかどうか。	
8.5.2.4.2	① さらに、それぞれの管理手段に対して、系統的なアプローチは次の可能性を含まなければならない。	CCP又はOPRPを選択した（又はしたい）場合には、許容限界した ます。CCPの場合には、基準を決める必要があります。OPRPの場合には、処置基準となります。また、逸脱した これらの基準は、逸脱すると危害が発生する限界であり、これを不適合と言います。取り除く処理が必要となります。これを修正と呼んでいます。管理手段のレベルを決めた方法や決めた結果は記録に残しておく必要があります。運用していくために後に見直しをする時のためにも、これらに加えて法的に規制や顧客との合意している基準があるならば、これらも記録しておいてください。
	a) 測定可能な許容限界及び/又は測定可能な処置基準の確立：	
	b) 許容限界及び/又は測定可能/観察可能な処置基準内からのあらゆる逸脱を検出するためのモニタリング：	
	c) このような逸脱の場合の、タイムリーな修正の適用。	
	② 意思決定プロセス及び選択のカテゴリー分けの結果は、文書化として維持しなければならない。	
	③ 管理手段の選択及び厳格さに影響を与える可能性がある外部からの要求事項（例えば、法令、法、規制及び顧客要求事項）も文書化した情報として維持しなければならない。	
8.5.3 管理手段及び管理手段の組合せの妥当性確認	① 食品安全チームは、選択した管理手段が意図した重要な食品安全ハザードの組合せを達成できることの妥当性確認を行わなければならない。	これらの決定した管理手段を運用していけば、食品安全ハザードをきちんと管理できることの根拠を示すことです。その妥当性確認を示す段階で安全性の担保となるバックデータをまとめておきます。設計段階では、単独の製造前に確認しておくことが重要となります。
	② この妥当性確認は、ハザード管理プラン（8.5.4参照）に組み入れる管理手段及び管理手段の組合せの実施に先立って、また管理手段のあらゆる変更の後に行わなければならない（7.4.2 7.4.3 10.2及び10.3参照）。	この場合、本格的な製造前に確認しておくことが重要となります。する産前に確認しておくことが重要となります。採用した管理手段による変更保証が出来ない場合には見直す必要があり、妥当である方法や仕組の社内で検討しておくことです。これらの記録は残しておくことが求められています。
	③ 妥当性確認の結果、管理手段が意図した管理を達成できないことが明らかになった場合、食品安全チームは、管理手段及び/又は管理手段の組合せを再評価し、修正しなければならない。	
	④ 食品安全チームは、管理手段が意図した管理を達成できる管理手段の能力を示す証拠を、文書化することができる。	
	注記 修正には、管理手段の変更（すなわち、工程のパラメータ、厳密さ及び/又は管理手段の組合せ）及び/又は原料の生産技術、最終製品特性、流通方法及び最終製品の意図した用途の変更を含むことができる。	

8.5.4 ハザード管理プラン（HACCP/OPRPプラン）			
8.5.4.1 一般	①	組織は、ハザード管理プランを確立し、実施及び維持しなければならない。 ハザード管理プランは、文書化した情報として維持しなければならない。かつ、各CCP又はOPRPの管理手段ごとに、次の情報を含まなければならない：	CCP又はOPRPを選択した計画をハザード管理プランとして次のことを決定しておきます。管理される対象のハザードが何であるか（不適合）、逸脱時の修正（不適合を取り除くか）、許容限界又は処置基準、処置の仕方、この担当者が持つべき役割（責任と権限）を明確にしておきます。担当者が持つべき役割と責任が明確にされておくことです。さらに、これらのモニタリングをしておくことです。これらのモニタリングにしている記録の名称を特定しておくことです。これらを一覧表にしておくとよく役に立ちます。これらを一覧表に示してあります。220～222ページに例を示してあります。
	a)	CCPにおいて又はOPRPによって管理される食品安全ハザード；	
	b)	CCPにおける許容限界又はOPRPに対する処置基準；	
	c)	モニタリング手順；	
	d)	許容限界又は処置基準を満たさない場合に行うべき修正；	
	e)	責任及び権限；	
	f)	モニタリングの記録。	
8.5.4.2 許容限界及び処置基準の決定	①	CCPにおける許容限界及び、OPRPに対する処置基準を規定しなければならない。この決定した根拠を、文書化した情報として維持しなければならない。	許容限界や処置基準を決める場合には、明確な決定根拠が求められます。法的規制から業界の自主基準なども参考になります。自社で持つ過去のデータや実績なども活用できます。これらを記録として保管しておく必要もあります。
	②	CCPsにおける許容限界は測定可能でなければならない。許容限界に適合することで、許容水準を超えないことを保証されなければならない。	
	③	OPRPsにおける処置基準は、測定可能又は観察可能でなければならない。処置基準に適合することで、管理手段に適合しないこと、許容水準を超えないことの保証に寄与されなければならない。	
8.5.4.3 CCPsにおける及びOPRPsに対するモニタリングシステム	①	各CCPにおいて、許容限界からのあらゆる逸脱を検出するために、それぞれの管理手段又は管理手段の組合せに対してモニタリングシステムを確立しなければならない。	先程決めたモニタリングの方法については、もう少し細かい条件があります。具体的なモニタリングの方法、測定する機器の校正方法、CCPの逸脱を検出する時に使用する機器の校正方法、OPRPの場合には、外観検査などの精度を確保する時に記載しておくのか、必要があります。モニタリングの担当者とこの結果がどこに記載しておくのか、モニタリングの担当者や観察などは人によって決めておきます。OPRPに決定したときには、外観検査や観察などは人によって判断しばらつきが発生し易いので、これらを回避するために訓練見本の作成や教育訓練を定期的に実施することも決めておきます。
	②	このシステムは、許容限界に対する全ての計画された測定又は観察を含まなければならない。	
	③	各OPRPに対して、処置基準を満たさない状態としている状態又は管理手段又は管理手段の組合せに対してモニタリングシステムを確立しなければならない。	
	④	各CCPにおける及び各OPRPに対するモニタリングシステムは、次の事項を含めて構成されなければならない：	
	a)	適切な時間枠内に結果をもたらす測定方法又は観察；	
	b)	適用するモニタリング方法又は機器；	
	c)	適用する校正方法又は、OPRPsの場合、信頼できる測定又は観察を検証するための同等の方法（8.7参照）；	

第4章

101

第4章　構築（1）準備段階

条項番号			ISO 22000：2018 要求事項	要求事項の意図の補足説明
		d)	モニタリング頻度：	
		e)	モニタリング結果：	
		f)	モニタリングに関連する責任及び権限：	
		g)	モニタリング結果の評価に関連する責任及び権限。	
	⑤		各CCPにおいて、モニタリング方法及び頻度は、タイムリーに製品の隔離及び評価ができるように、許容限界内からのあらゆる逸脱をタイムリーに検出できるものでなければならない（8.9.4参照）。	
	⑥		各OPRPにおいて、モニタリング方法及び頻度は、逸脱の起こりやすさ及び結果の重大さと均衡のとれたものでなければならない。	
	⑦		OPRPのモニタリングが観察（例えば、目視検査）による主観的なデータに基づいている場合は、その方法は指示書又は仕様書によって裏付けられたものでなければならない。	
8.5.4.4 許容限界又は処置基準が守られなかった場合の処置	①		許容限界又は処置基準が守られなかった場合にとるべき修正（8.9.2参照）及び是正処置（8.9.3参照）を規定し、かつ、次のことを確実にしなければならない。	CCP許容限界又はOPRPの処置基準から逸脱した時には、修正（不適合の除去工程の調整）と是正処置（原因の特定、再発防止対策、効果の確認）を実施して記録することになります。
		a)	安全でない可能性がある製品がリリースされていない（8.9.4参照）：	
		b)	不適合の原因を特定する：	
		c)	CCPにおいて又はOPRPによって、管理されているパラメータを許容限界内又は処置基準内に戻す：	
		d)	再発を防止する。	
	②		組織は、8.9.2に従って修正を行い、また8.9.3に従って是正処置をとらなければならない。	
8.5.4.5 ハザード管理プランの実施	①		組織は、ハザード管理プランを実施し、維持し、また実施の証拠を文書化した情報を保持しなければならない。	社内ルールとした内容の記録を取って保管しておきます。
8.6 PRPs及びハザード管理プランを規定する情報の更新	①		ハザード管理プランを確立した後、組織は、必要ならば、次の情報を更新しなければならない。	原料、加工助剤、包材、製品に接触する消耗品が新規や変更される場合には、必要とされる文書を新たに入手してハザード分析の更新をすることになります。その結果のハザード管理プランを最新にしておく必要があります。
		a)	原料、材料及び製品と接する材料の特性：	
		b)	最終製品の特性：	
		c)	意図した用途：	

8.7 モニタリング及び測定の管理		d)	フローダイアグラム及び工程並びに工程外の環境の記述。	
		②	組織は、ハザード管理プラン及び/又はPRPsが最新であることを確実にしなければならない。	
		①	組織は、指定のモニタリング及び測定方法及び使用される装置が、PRPs及びハザード管理プランに関連するモニタリング及び測定活動によって適切であるという証拠を提示しなければならない。	モニタリングで使用する温度計や検査機器の校正により求められる精度の確認を実施しておきます。頻度、校正後の識別、校正止の処置を決めて、これらの記録を保管しておきます。
		②	モニタリング及び測定に使用する装置は、次の情報を満たさなければならない。	
		a)	使用する前に、定められた間隔で校正又は検証する：	
		b)	調整する又は必要に応じて再調整する：	
		c)	校正の状態が明確にできるように指定する：	
		d)	測定した結果が無効になるような調整からの安全防護：	
		e)	損傷及び劣化からの保護。	
		③	校正及び検証の結果は、文書化として情報として保持しなければならない。	
		④	全ての装置の校正は、国際又は国家計量標準までのトレースできなければならない。標準が存在しない場合は、校正又は検証に用いた基準を文書化して情報として保持しなければならない。	校正機器の元になる内容がトレースができるようにしておきます。例えば、標準温度計の計量証明書などが該当します。これらの標準器が存在しない場合は、どのように校正したか方法を文書にしておきます。
		⑤	装置又は工程の環境が要求事項に適合しないことが判明した場合、組織は、それまでに測定した結果の妥当性を評価しなければならない。	校正対象の機器が不適合であると分かった時には、既に製造した製品が該当であったか確認しなければなりません。また、必要な処置も考えなければなりません。これらはすべて記録として保管します。
		⑥	組織は、関連する装置及び工程の環境及び製品について適切な処置をとらなければならない。	
		⑦	評価及びその結果としての処置は、文書化した情報として維持されなければならない。	
		⑧	FSMS内でのモニタリング及び測定で使用するソフトウェアは、組織、ソフトウェア供給者、又は第三者が、使用前に安当性確認をしなければならない。	
		⑨	妥当性確認活動に関する文書化した情報は組織が維持し、かつ、ソフトウェアはタイムリーに更新しなければならない。	
		⑩	ソフトウェアの校正/市販の入手可能なソフトウェアへの修正を含む変更があったときは必ず、その変更を承認し、文書化し、また、実施前に妥当性確認をしなければならない。	

第4章 構築（1）準備段階

条項番号		注記	ISO 22000：2018 要求事項	要求事項の意図の補足説明
8.8 PRPs及びハザード管理プランに関する検証	8.8.1 検証	①	設計された適用範囲内で一般的に使用されている市販のソフトウェアは、十分に妥当性確認がされているとみなし得る。	PRPやハザード管理プランに関する検証の計画を立てることが求められます。その場合、許容水準が守られているか、ハザード分析を更新しているか、この観点でも検証の計画を立ててできます。その他の手順を示します。例えば、社内の5Sパトロールや安全衛生委員会などの活動を示します。
		②	組織は、検証活動を確立、実施及び維持しなければならない。検証計画では、検証活動の目的、方法、頻度及び責任を明確にしなければならない。	
		③	個々の検証活動は、次の事項を確認しなければならない：	
		a)	PRPsが実施をされ、かつ効果的である；	
		b)	ハザード管理プランが実施され、かつ効果的である；	
		c)	ハザード水準が、特定された許容水準内にある；	
		d)	ハザード分析へのインプットが更新されている；	
		e)	組織が決定したその他の活動が実施され、かつ効果的である。	
		④	検証は、検証活動を、同じ活動を行う人が実施しないことを確実にしなければならない。	検証しようとする担当者は、食品安全チームメンバー以外の第三者が実施するといいでしょう。その上で検証記録を保管します。この記録は、マネジメントシステム全体の検証にも使用することになります。
		⑤	検証活動は、文書化した情報として保持され、また伝達されなければならない。	
		⑥	検証が最終製品サンプル又は直接取ったサンプルが食品安全ハザードに基づくとき、かつ、そのような試験サンプルの不適合が食品安全ハザード（8.5.2.2参照）としての許容水準を示した場合、組織は影響を受ける製品ロットを安全でない可能性があるものの（8.9.4.3参照）として取り扱い、かつ、8.9.3に従って是正処置を適用しなければならない。	
	8.8.2 検証活動の結果の分析	①	食品安全チームは、FSMSのパフォーマンス評価（9.1.2参照）へのインプットとして使用する検証結果の分析を実施しなければならない。	安全な製品の実現の実現の観点から社内のマネジメントシステムが機能しているかを分析・評価するための情報を提供することになります。従って、CCPに関する逸脱が発生していないか、流浄が効果的な方法で運用維持されているか、必要な改善処置が必要かを分析しておくことで、改善の度合いが見えてきます。
8.9 製品及び工程の不適合の管理	8.9.1 一般	①	組織はOPRPs及びCCPsにおけるモニタリングで得られたデータが、修正及び是正処置を開始する力量及び権限をもつ指定された者によって評価されることを確実にしなければならない。	CCPとOPRPについては、修正や是正処置が必要かを判断する責任者が合格・不合格のジャッジをすることになります。
	8.9.2 修正			
	8.9.2.1	①	組織は、CCPsにおける許容限界及び／又はOPRPsに対する処置基準が守られなかった場合、影響を受けた製品を特定して、その使用及びリリースについて管理されていることを確実にしなければならない。	ハザード管理プランから逸脱した時には、修正の手順を文書にしておきます。この修正後にそれでよかったのかの振り返る手続を決めることになります。

項番	規格要求事項	解説
8.9.2.2	組織は、次を含む文書化した情報を確立、維持及び更新しなければならない: a) 適切な取扱いを保証するための影響を受けた製品の特定、評価及び修正の方法: b) 実施した修正のレビューのための取り決め。 ① CCPsにおける許容限界が守られなかった場合は、影響を受けた製品を特定して、安全でない可能性がある製品として取り扱わなければならない (8.9.4参照)。	CCPが許容限界を逸脱した時は、安全でない可能性がある製品として取り扱うことになります。
8.9.2.3	① OPRPが守られなかった場合、次のことを実施しなければならない: a) 食品安全に関する逸脱の結果の判断 b) 逸脱の原因の特定 c) 影響を受けた製品の特定及び8.9.4による取扱い。 ② 組織は、評価の結果を文書化した情報として保持しなければならない。	OPRPが処置基準から逸脱していることが判明したら、合否の判定、製品の区別管理をした上で記録しておきます。原因調査、原因調
8.9.2.4	① 文書化した情報は、次を含め、不適合製品及び工程について行われた修正の特定及び結果を記述するために保持されなければならない: a) 不適合の性質 b) 逸脱の原因 c) 不適合の結果としての重大性	この記録には不適合の内容と原因をハザードとしての健康への重大性を明確にできるようにしておきます。
8.9.3 是正処置	① CCPsにおける許容限界及び/又はOPRPsに対する処置基準が守られていない場合、是正処置の必要性を評価しなければならない。 ② 組織は、検出された不適合の原因の特定及び、及び不適合工程を正常にした後に工程を正常にするための適切な処置を規定した文書化した情報を確立、維持しなければならない。 ③ これらの処置は、次の事項を含まなければならない: a) 顧客及び/又は顧客苦情情報及び/又は法律に基づく検査報告書で特定された不適合をレビューする: b) 管理が損なわれ得る方向にあり得ることを示すモニタリング結果の傾向をレビューする: c) 不適合の原因を特定する: d) 不適合が再発しないことを確実にするための処置を決定し、実施する: e) とられた是正処置の結果を文書化する	CCPとOPRPについて是正処置が必要かを判断することが求められます。これらが必要ならば、やり方について、手順を文書にしておくことです。なぜならば、発生してからでは時間がかかり、取り決めが不明瞭のままにしておくと危険になるからです。実施すべきことが規格要求にして整理されていると理解すると良いです。手順通り実施したかを記録にして仕事内で回覧にして実施内容を確認しておくことも重要です。

条項番号		ISO 22000：2018 要求事項	要求事項の意図の補足説明
	f)	是正処置が有効であることを確実にするために、とられた処置の有効性を検証する。	
	(4)	組織は、全ての是正処置に関する文書化した情報を保持しなければならない。	
8.9.4 安全でない可能性がある製品の取扱い			
8.9.4.1 一般	①	組織は、次の事項のいずれかを提示することが可能である場合を除き、安全でない可能性がある製品がフードチェーンに入ることを予防するための処置を取らなければならない：	安全でない可能性のある製品について取り決めると、安全であることを実際に証明できる根拠が必要となります。
	a)	対象となる食品安全ハザードが規定された許容水準まで低減されている；	
	b)	対象となる食品安全ハザードが、フードチェーンに入る前に規定された許容水準まで低減される；又は	
	c)	製品が、不適合にもかかわらず、対象となる食品安全ハザードの規定された許容水準を引き続き満たしている。	
8.9.4.2 リリースのための評価	①	不適合によって影響を受けた製品のそれぞれのロットは、評価しなければならない。	次の工程への引き渡しの条件について述べています。CCPの逸脱時とOPRPの逸脱では取り扱いが違います。この時の判断根拠は記録し、逸脱時には記録を残しておくことが必要です。
	②	CCPsにおける許容限界からの逸脱によって影響を受けた製品はリリースしてはならず、8.9.4.3に従って取扱われなければならない。	
	③	OPRPに対する処置基準を満たしている状態からの逸脱によって影響を受けた製品は、次のいずれかの条件に該当する場合のみ、安全な製品としてリリースしなければならない：	
	a)	モニタリングシステム以外の証拠が、管理手段が有効であったことを実証している；	
	b)	特定の製品に対する管理手段の複合的効果が、意図したパフォーマンス（すなわち、特定された許容水準）を満たしていることを実証する証拠がある；	
	c)	サンプリング、分析及び/又はその他の検証活動の結果が、影響を受けた製品は、該当する食品安全ハザードの特定された許容水準に適合することを実証している。	
	(4)	製品リリースのための評価の結果は、文書化した情報として保持されなければならない。	
8.9.4.3 不適合製品の処理	①	リリースが認められない製品は、次の作業のいずれかによって取り扱われなければならない：	次工程への引き渡しができない時の処置について述べています。これらの製品をどのように処理したかの記録を残しておきます。
	a)	食品安全ハザードが許容水準まで低減されることを確実にするため、組織内又は外での再加工又は更なる加工；又は	
	b)	フードチェーン内の食品安全が影響を受けなければ、他の用途への転用；又は	

第4章

8.9.5 回収/リコール		c)	破壊及び/又は廃棄処理。
		②	承認権限をもつ者の特定を含め、不適合製品の処理に関する情報を文書化した情報を保持しなければならない。
		①	組織は、回収/リコールを開始する権限を実施する権限をもつ、力量のある者を指名することにより、安全でない(又は回収/リコールを確実にできない)と特定された最終製品のロットのタイムリーな回収/リコールを確実にできなければならない。
		②	組織は、次のために文書化した情報を確立し、維持しなければならない:
			a) 関連する利害関係者(例えば、法令及び規制当局、顧客及び/又は消費者)への通知;
			b) 回収/リコールした製品及びまだ在庫のある製品の取扱い;
			c) とるべき一連の処置の実施。
		③	回収/リコールされた製品及び、まだ在庫のある最終製品は、8.9.4.3に従って管理されるまでは確実に保管されるか、組織の管理下におかなければならない。
		④	回収/リコールの原因、範囲及び結果は、文書化した情報として保持され、またマネジメントレビュー(9.3参照)へのインプットとして、トップマネジメントに報告しなければならない。
		⑤	組織は、回収/リコールプログラムの実施及び適切な手法(例えば、模擬回収/リコール、又は回収/リコール演習)の使用を通じての有効性を検証し、かつ、文書化した情報として保持しなければならない。

次のユーザーに引き渡した後に不適合であることが判明した時には不適合な処理方法について文書にしておくことが要求されています。実際に回収やリコールを行った場合についての記録が必要になります。なお、その手順が機能するかを判定するために模擬試験、回収演習を年に1回行い問題点を抽出して解決するることが求められています。これらの記録を残し、トップマネジメントに共有化しておくことも重要となります。

9 パフォーマンス評価

9.1 モニタリング、測定、分析及び評価	9.1.1 一般	①	組織は、次の事項を決定しなければならない:
			a) モニタリング及び測定が必要な対象;
			b) 該当する場合には、必ず、妥当な結果を確実にするための、モニタリング、測定、分析及び評価の方法;
			c) モニタリング及び測定の実施時期;
			d) モニタリング及び測定の結果の、分析及び評価の時期;
			e) モニタリング及び測定からの結果を、誰が分析及び評価しなければならないか。
		②	組織は、これらの結果の証拠として、適切な文書化した情報を保持しなければならない。
		③	組織は、FSMSのパフォーマンス及び有効性を評価しなければなられ

マネジメントシステムの全てを対象としてのモニタリングや測定について述べています。その目的は、マネジメントシステムが機能しているかを評価することであり、記録が大事になります。

第4章　構築（1）準備段階

条項番号		ISO 22000：2018 要求事項	要求事項の意図の補足説明
9.1.2 分析及び評価	①	組織は、PRPs及びハザード管理プラン（8.8及び8.5.4参照）に関する検証活動、内部監査（9.2参照）並びに外部監査の結果を含めて、モニタリング及び測定からの適切なデータ及び情報を分析し、評価しなければならない。	検証した結果と内部監査結果から得られた改善された事項とその改善に関する検証活動、外部監査からの指摘の傾向、全ての指摘の傾向、外部監査からの適切なデータ及びで改善の対象を明確にします。この結果が、マネジメントレビューに進むわけですから、実施する時期についても考慮が必要です。
	②	分析は、次のために実施しなければならない。	
	a)	システムの全体的なパフォーマンスが、計画した取り決め及び組織が定めるFSMSの要求事項を満たしていることを確認する；	
	b)	FSMSを更新又は改善する必要性を特定する；	
	c)	安全でない可能性がある製品又は工程の逸脱のより高い発生率を示す傾向を特定する；	
	d)	監査される領域の状態及び重要性に関する内部監査プログラムの計画のための、情報を確立する；	
	e)	修正及び是正処置が効果的であるという証拠を提供する。	
	③	分析結果及び分析の結果とられた活動は、文書化した情報として保持されなければならない。	
	④	その結果はトップマネジメントに報告され、マネジメントレビュー（9.3参照）及びFSMSの更新（10.3参照）へのインプットとして使用されなければならない。	
	注記	データを分析する方法には、統計的手法が含まれ得る。	
9.2 内部監査　9.2.1	①	組織は、FSMSが次の状況に適合するか否かに関する情報を提供するために、あらかじめ定めた間隔で内部監査を実施しなければならない。	決められた時期に内部監査が実施されるように社内の体制を整えておきます。監査に必要な人員と監査がスムーズにできるような準備、監査計画書の作成、その結果、監査の目的と範囲、基準をしっかり決めておくことです。適合性と有効性を監査として進めることも重要です。監査に関する書類はすべて記録として保管します。
	a)	次の事項に適合している：	
		1) FSMSに関して、組織自体が規定した要求事項；	
		2) この規格の要求事項。	
	b)	有効に実施され、維持されている。	
9.2.2	①	組織は、次に示す事項を行わなければならない。	
	a)	頻度、方法、責任、計画要求事項及び報告を含む、監査プログラムの計画、確立、実施及び維持。監査プログラムは、関連するプロセスの重要性、FSMSの変更、及びモニタリング、測定及び前回の監査の結果を考慮に入れなければならない；	
	b)	各監査について、監査基準及び監査範囲を定める；	
	c)	監査プロセスの客観性及び公平性を確保するために、力量のある監査員を選定し、監査を実施する；	

9.3 マネジメントレビュー	9.3.1 一般			マネジメントレビューの開催時期を決めておきます。社内の会議体を利用してもよいでしょう。ただし、インプット内容とアウトプット内容の規格要求には注意してください。
		d)	監査の結果を食品安全チーム及び関連する管理層に報告することを確実にする；	
		e)	監査プログラムの実施及び監査結果の証拠として、文書化した情報を保持する；	
		f)	合意された時間枠内で、必要な修正を行い、かつ、是正処置をとる；	
		g)	FSMSが、食品安全方針の意図（5.2参照）及びFSMSの目標（6.2参照）に適合しているかどうかを判断する；	
		②	組織によるフォローアップ活動には、とった処置の検証及び検証結果の報告を含めなければならない。	
		注記	注記 ISO19011は、マネジメントシステムの監査する指針を示している。	
		①	トップマネジメントは、組織のFSMSが、引き続き、適切、妥当かつ有効であることを確実にするために、あらかじめ定められた間隔で、FSMSをレビューしなければならない。	
	9.3.2 マネジメントレビューへのインプット	①	マネジメントレビューは、次の事項を考慮しなければならない。	マネジメントレビューへの報告内容については、設定した課題への取組結果について、項目ごとに整理すると受け手側がわかりやすくなるでしょう。必要な提案が含まれていることも重要です。例えば、人的資源に対する教育訓練の必要性がなぜ必要かを説明するなどです。
			a) 前回までのマネジメントレビュー（4.1参照）にとった処置の状況。	
			b) 組織及びその状況の変化（4.1参照）を含む、FSMSに関連する： 1) 外部及び内部の課題の変化。	
			c) 次に示す傾向を含めた、FSMSのパフォーマンス及び有効性に関する情報： 1) システム更新活動の結果（4.4及び10.3参照） 2) モニタリング及び測定の結果； 3) PRPs及びハザード管理プラン（8.8.2参照）： 4) 不適合及び是正処置； 5) 監査結果（内部及び外部）： 6) 検査（例えば、法律に基づくもの、顧客によるもの）： 7) 外部提供者及び利害関係者のパフォーマンス； 8) リスク及び機会並びにこれらに取り組むためにとられた処置の有効性のレビュー（6.1参照）：	
			d) 資源の妥当性；	
			e) 発生したあらゆる緊急事態、インシデント（8.4.2参照）又は回収／リコール（8.9.5参照）；	
			f) 利害関係者からの苦情及び外部（7.4.2参照）及び内部（7.4.3参照）のコミュニケーションを通じて得た関連情報；	
			g) 継続的改善の機会。	
		②	データは、トップマネジメントが、FSMSの表明された目標に情報を関連付けられるような形で提出しなければならない。	

109

第4章　構築（1）準備段階

条項番号		ISO 22000：2018 要求事項	要求事項の意図の補足説明
9.3.3 マネジメントレビューからのアウトプット	①	マネジメントレビューからのアウトプットには、次の事項を含めなければならない：	マネジメントレビューにより指示・命令として、更新と変更すべき項目を明確にするすることが必要です。それらは正確に伝えるために記録にして周知を図ることになります。
	a)	継続的改善の機会に関する決定及び処置	
	b)	資源の必要性及び食品安全方針並びにFSMSの目標の改訂を含む、FSMSのあらゆる更新及び変更の必要性。	
	②	組織は、マネジメントレビューの結果の証拠として、文書化した情報を保持しなければならない。	
10　改善			
10.1 不適合及び是正処置	①	不適合が発生した場合、組織は、次の事項を行わなければならない：	不適合に対する修正と是正処置がきちんと行われて効果につながっているか、社内で処理を水平展開、再発防止になっているかを明らかにすることです。
10.1.1	a)	その不適合に対処し、該当する場合には、必ず、次の事項をとる： 1) その不適合を管理し、修正するための処置をとる； 2) その不適合によって起こった結果に対処する；	
	b)	その不適合が再発又は他のところで発生しないようにするため、次の事項によって、その不適合の原因を除去するための処置をとる必要性を評価する： 1) その不適合をレビューする； 2) その不適合の原因を明確にする； 3) 類似の不適合の有無、又は発生する可能性を明確にする：	
	c)	必要な処置を実施する；	
	d)	とったあらゆる是正処置の有効性をレビューする；	
	e)	必要な場合には、FSMSの変更を行う。	
	④	是正処置は、検出された不適合のもつ影響に応じたものでなければならない。	
10.1.2	①	組織は、次に示す事項の証拠として、文書化した情報を保持しなければならない：	
	a)	不適合の性質及びそれに対してとったあらゆる処置	
	b)	是正処置の結果	
10.2 継続的改善	①	組織は、FSMSの適切性、妥当性及び有効性を継続的に改善しなければならない。	トップマネジメントは、さまざまな情報をもとにして最初に決めた課題を改善するだけの仕組みとして機能しているか、もし機能していない場合には、どこを改良すべきかを明確にして実行することが求められています。
	②	トップマネジメントは、コミュニケーション（7.4参照）、マネジメントレビュー（9.3参照）、内部監査（9.2参照）、検証活動の結果の分析（8.8.2参照）、管理手段及び管理手段の組合せの妥当性確認（8.5.3参照）、是正処置（8.9.3参照）及びFSMSの更新（10.3参照）の使用を通じて、組織がFSMSの有効性を継続的に改善することを確実にしなければならない。	

10.3 食品安全マネジメントシステムの更新	①	トップマネジメントは、FSMSが継続的に更新されることを確実にしなければならない。これを達成するために、食品安全チームは、あらかじめ定めた間隔でFSMSを評価しなければならない。	トップマネジメントは、食品安全チームが分析・評価した内容を良く確認して必要に応じた仕組み変更を明確にすることが求められることになります。その更新の目の付け所について、規格要求事項が誘導していると考えるとわかり易いでしょう。これらは、記録に残しておくことでであります。
	②	食品安全チームは、ハザード分析 (8.5.2参照)、確立したハザード管理プラン (8.5.4参照) 及び、確立したPRPs (8.2参照) のレビューが必要かどうかを考慮しなければならない。	
	③	更新活動は、次の事項に基づいて行わなければならない: a) 内部及び外部コミュニケーションからのインプット (7.4参照); b) FSMSの適切性、妥当性及び有効性に関するその他の情報からのインプット; c) 検証活動の結果の分析からのアウトプット (9.1.2参照); d) マネジメントレビューからのインプット (9.3参照);	
	④	システム更新の活動は、文書化した情報として保持され、マネジメントレビューへのインプット (9.3参照) として報告されなければならない。	

第 **5** 章

構築（2）
社内の食品衛生管理における
現状把握の正しい方法

まず、社内の食品衛生管理の現状について、正しく把握しなければなりません。具体的には、業務内容、組織体制、文書・記録類の体系を把握し、関連法令や規制要求事項のまとめ、内外のコミュニケーションについて整理します。

業務内容・組織体制や現行の文書・記録類の体系を確認する

　まず、社内各部署の業務上の役割を明確にしておく必要があります。この規格には、責任と権限に関する要求事項があります。しかし、業務分掌や職務分担規定などによってすでに明確にしてあるのが普通ですから、特別に決めるのではなく、通常の組織内の業務内容と体制、それぞれが実施する役割と責任などで考えるとよいでしょう。

　たとえば、製造担当者は**図表5-1**のような内容になります。

　次に、文書と記録の体系をどのように整理しておくかについてです。以下の点について、文書と記録の目的を確認してください。

- 誰のために作成された文書や記録であるか
- どこで使用する文書や記録であるか
- どのタイミングで使用する文書や記録であるか
- その文書や記録は、誰がいつ活用するものか

図表5-1　製造担当者の責任と権限の例

担当者	責任と権限	業務内容	報告者
ライン責任者	ラインの稼働に関する責任	ラインの統率、人的管理、機械整備、製造工程管理	主任・係長
主任・係長	ラインの全体に関する責任	製造工程管理の調整	課長
課長	課内の責任者	課内全体の統括	工場長

会社全体に関わる文書と記録については、**図表5-2**のとおりです。

今回の規格要求事項で不足している内容について新たに作成した文書は、このジャンルに入れておくものが多くなります。すでに作成してあり、各部署単位で運用する文書や記録については、そのまま使用するのが望ましいでしょう。

たとえば、文書の場合、製造工程を管理する製造基準書、製品品質の規格書のレベルのもの、記録では製造工程の帳票や製品品質検査記録などが該当します（**図表5-3**）。これらの文書や記録も、作成者と承認者を明確に決めておかなければなりません。

図表5-2 会社全体に関わる文書と記録の例

内 容	文 書 名	記 録 名	作成者	承認者
文書管理の手順	文書管理規定	文書管理台帳	品質保証担当者	品質保証課長
記録管理の手順	記録管理規定	記録管理台帳	品質保証担当者	品質保証課長
不適合製品管理の手順	不適合製品管理規定	不適合製品記録	品質保証課長	食品安全チームリーダー
是正処置の手順	是正処置規定	是正処置記録	品質保証課長	食品安全チームリーダー
内部監査の手順	内部監査規定	内部監査記録	食品安全チームリーダー	トップマネジメント
製品回収の手順	製品回収規定	製品回収記録	品質保証課長	トップマネジメント

第5章 構築（2） 社内の食品衛生管理における現状把握の正しい方法

図表5-3　文書・記録の目的の例

	文　書　名	記　録　名
製造の基準に関わる内容	製造基準書	製造日報
原料の品質に関わる内容	原料品質基準書	原料検査記録
包材の品質に関わる内容	包材品質基準書	包材検査記録
原料処理に関わる内容	原料処理手順書	原料処理記録
調整に関わる内容	調整工程手順書	調整記録
工程検査に関わる内容	工程検査手順書	工程検査結果
最終製品に関わる内容	製品検査手順書	製品検査結果

2 関連する法令・規制要求事項のまとめ

　関係法規制の対象と管理部門を明確にしておきます（**図表5-4**）。社内に関連すべき食品安全に関する法規制があるかを明確にし、その情報の集約及び提供を行う管理部門を決めておきます。以下に品質保証課の事例を示します。

(1) 品質保証課の役割
　① 該当する法令、条例を明確にします
　② 新規制定、改正、廃止情報の把握とその法令等を入手します
　③ 改定があった場合には、その都度関連部門への情報提供を行います
　④ 関連法令・条例の保管、及び閲覧管理（インターネットサイトを含む）を行います

(2) 法規制情報収集と提供処置手順
　年4回、法規制情報入手先（関連官庁、地方自治体、○○協会など）に対して情報収集・調査を行い、「法規制情報連絡書」を発行して食品安全チーム委員会で報告します。食品安全チーム委員会から要請があった場合など、その必要性に応じて教育訓練を実施します。

(3) 法規制情報への対応と処置
　入手した法規制情報の内容により、何らかの対応または処置をとる必要があると判断した場合には、「法規制情報連絡書」に対応内容を追加し対象部門へ発行します。対象部門は、調査・対応処置をとることにより法規制の変更・追加に対処します。

第5章 構築（2） 社内の食品衛生管理における現状把握の正しい方法

図表5-4　法規制の名称と主な内容

法規制の名称	主な内容
食品安全基本法	食品の安全性確保の施策を総合的に推進
食品衛生法、同施行規則	食品、添加物等の規格基準、表示基準（製造者加工者、保存方法、アレルギー物質表示、食品添加物表示、生食用表示等）
農林物資の規格化及び品質表示の適正化に関する法律（JAS法）	品質表示基準（義務）一括表示について規定。加工食品、生鮮食品、遺伝子組換え食品、玄米及び精米、水産物、有機JAS等、JAS規格（任意）
食品表示法	食品を摂取する際の安全性及び一般消費者の自主的かつ合理的な食品選択の機会を確保するため、食品衛生法、JAS法及び健康増進法の食品の表示に関する規定を統合して食品の表示に関する包括的かつ一元的な制度
計量法	特定商品の販売に係る計量、量目公差、法的に認められる許容誤差
製造物責任法	必要な警告表示、表示の欠陥を問われる
衛生規範	微生物制御を中心に原料の受入れから製品の販売までの各過程全般における取扱い等の指針を示し、衛生の確保及び向上を図ることを目的としている 類似する業種の衛生規範、・微生物管理基準・落下菌の基準等
不正競争防止法	不正商品や偽ブランド、商標・商号の無断使用、原産地虚偽表示等の禁止
不当景品類及び不当表示防止法（景表法）	不当表示等の防止 公正競争規約による表示の認定
商標法	登録された商標の保護（商品名）
食品リサイクル法	「食品循環資源の再生利用等の促進に関する法律」食品廃棄物の前年度の発生量が100トン以上の場合、食品廃棄物等多量発生事業者として毎年度、主務大臣に、食品廃棄物等の発生量や食品循環資源の再生利用等の状況を報告する
健康増進法	栄養表示基準（強調表示基準含む）、特別用途食品

3 必要なコミュニケーション

（1）内部コミュニケーション（ISO22000：2018規格要求事項箇条7.4.3）

　内部コミュニケーションの主目的は、社内の会議、たとえば品質会議やISO会議、階層別の会議などで情報を共有することです。とくに、次の項目について変更があれば、チームの責任者はタイムリーに食品安全チームやHACCPチームに伝えます。また、その手順を決めておくことも必須です。

- 既存の製品または新製品への対応
- 原料、材料、サービスの変化
- 生産システムや設備の新規導入や変更
- 製造施設、装置の配置、周囲環境の変化
- 清掃、洗浄、衛生（殺菌消毒）プログラムの変更
- 包装、保管、配送システムの変更
- 要員の資格レベルや責任および権限の割当ての変更
- 法令、規制要求事項の改定
- 食品安全ハザードと管理手段に関する知識の更新
- 組織が順守する顧客、業界、その他の要求事項の変更
- 外部の利害関係者からの問合わせ
- 製品に関連する食品ハザードを示す苦情
- 食品安全に影響を与えるすべてのことがら

　これらの変更内容をまとめると、**図表5-5**の4M変動のチェックリストに発展します。これに基づいて社内のチェック＋アクトをすることが内部コミュニケーションの趣旨です。これは食品安全を確保する点で最重要のポイントです。

第5章　構築（2）　社内の食品衛生管理における現状把握の正しい方法

図表5-5　現場の4M変動チェックシート

作業者（Man）

・標準を守っているか	Yes □／No □
・作業の効率はよいか	Yes □／No □
・問題意識はあるか	Yes □／No □
・責任者は明確か	Yes □／No □
・技能は適切か	Yes □／No □
・経験は積んでいるか	Yes □／No □
・配置は適正か	Yes □／No □
・健康状態はよいか	Yes □／No □

設備・治工具（Machine）

・生産能力に合っているか	Yes □／No □
・工程能力に合っているか	Yes □／No □
・給油は適切か	Yes □／No □
・点検は十分か	Yes □／No □
・故障停止はないか	Yes □／No □
・精度不足はないか	Yes □／No □
・異常音は出ていないか	Yes □／No □
・配置は適当か	Yes □／No □
・数に過不足はないか	Yes □／No □
・整理・整頓されているか	Yes □／No □

原材料（Material）

・数量違いはないか	Yes □／No □
・等級違いはないか	Yes □／No □
・銘柄違いはないか	Yes □／No □
・異材混入はないか	Yes □／No □
・在庫はないか	Yes □／No □
・取扱いはよいか	Yes □／No □
・仕掛りは放置されていないか	Yes □／No □
・配置はよいか	Yes □／No □
・品質水準はよいか	Yes □／No □

方法（Method）

・作業標準の内容はよいか	Yes □／No □
・作業標準は改定されているか	Yes □／No □
・安全にやれる方法か	Yes □／No □
・よい品物ができる方法か	Yes □／No □
・能率の上がる方法か	Yes □／No □
・順序は適正か	Yes □／No □
・段取りはよいか	Yes □／No □
・温度・湿度は適当か	Yes □／No □
・照明・通風は適当か	Yes □／No □
・前後工程とのつながりはよいか	Yes □／No □

これらの変更情報は、食品マネジメントシステム更新のためのインプットとなり、マネジメントレビューの際にインプットとして明確に報告されなければなりません。

　また、実際に次のような内部コミュニケーションの場で、これらの情報の共有化が図られる必要があります。

- 毎朝行われる朝礼での打合わせ・コミュニケーション
- 昼休みの交替時やシフトメンバーの交替時に行われる引継ぎのミーティングで、スムーズにバトンタッチするためのコミュニケーション
- 会議体として、製造会議、品質会議などの工場関係者との協議の場

　もう少し大きな単位になると、部署長会議も多くのコミュニケーションの場として提供されています。

　主な社内コミュニケーションについて、**図表5-6**で整理しておきます。

図表5-6　社内コミュニケーションの整理一覧

会議名	開催期間	参加メンバー	議題
マネジメントレビュー	○回／年	部長・課長	FSMS全体の見直し
品質製造会議	○回／月	部長・課長	品質や食品安全目標進捗確認
食品安全チーム会議	○回／月	部長・課長	改善活動、食品安全パトロール結果等の報告
幹部連絡会	毎週	課長・係長	日常の問題や改善の報告
課内会議	毎週	課長・係長	課の課題や改善の協議
朝礼・夕礼	毎日	全員	当日の連絡事項

（2）外部コミュニケーション（ISO22000：2018規格要求事項箇条7.4.2）

組織は次の関係者と情報のやりとりをします。

● 供給者・契約者（アウトソース先も含む）との情報の交換

● 製品情報（意図した用途、特定の保管条件、シェルフライフ〈消費・賞味期限など〉に関する説明を含む）の開示

● 法令、規制当局からの情報の社内への展開

● 食品安全マネジメントシステムの有効性や更新に影響する、または影響される他の組織との情報のやりとり

フードチェーン内の他組織の製品に関係する食品安全の関連情報（とくに管理しなければならない食品安全ハザード）を、正確に提供することが必要です。

また、法令・規制当局と顧客の食品安全の要求事項については、いつでも利用できるようにしておきます。外部からの情報をどのように社内へ展開するかは、しくみのなかに落とし込んでおいたほうがベターです。個人の差配ではなく、ルールを明確にしておくことが肝心です。

指名された担当者が、食品安全の関連情報を外部に伝える責任と権限をもつようにしておくことも重要です。外部とのコミュニケーションによって得られた情報は、自社システムの更新やトップへの報告事項として重要な情報になります。この内容がうまく伝わらないために、小さいミスが大きくなって被害を拡大してしまった例はたくさんあります。

経営者（トップマネジメント）には、必要なときに正確な情報を提供し、それに基づく的確な判断をすることが求められます。そこで、コミュニケーションに関連する記録は、いつでも活用できるように維持しておく必要があります。

(3) 緊急事態への準備と対応の方法（ISO22000：2018規格 要求事項箇条8.4）

ISO22000：2005年版の5.7に関連する内容の要求事項があります。従来の要求事項に加えて、具体的に関連の対応手順を確立し、その際に考慮すべき項目が具体化されています。

従来の要求事項は、事故（Accident）という言葉が用いられていましたが、この規格ではインシデント（Incident）が用いられています。

インシデント（Incident）は、安全上問題があった過去の事例のうち、事故（accident）より若干軽微な事象が相当します。何かが起こったときに、何も対応しなければ潜在的な不適合品の製造につながってしまう事例に対して、未然に対処することを緊急事態への準備及び対応として位置づけ、これらを文書化した情報として手順化し、維持することが必要だと考えてください。

たとえば、「朝通常どおりに出勤して総菜製造ラインに勤務された従業員が、帰宅後に発熱と嘔吐を繰り返したため、家族に付き添われて病院に行った」、この時点ではインシデントです。「検査した結果、ノロウィルスに感染したことが判明し、入院することになった」、このように、家族から会社に電話で連絡が入りました。これは緊急事態です。

緊急事態とは、リスクが現実になってしまったときの事象としてとらえ、インシデントはまだ現実にはなっていない事象という意味で考えればよいでしょう。

緊急事態及びインシデントの処理についての手順に含めるべき具体的内容が、8.4.2に記載されています。回収／リコールの手順と同様に、手順を定期的に試験することが要求されており、合わせて既存の手順を見直すこと、必要があれば手順を更新することが要求されています。

手順更新の必要性が明らかになった場合には、適切な期間内での対

第5章 構築（2） 社内の食品衛生管理における現状把握の正しい方法

応が必要です。また、対応のタイミングについては、いつまでにということが必須であることに留意してください。関連の緊急事態やインシデントが起きる前に更新などの対応を取っておくことが重要です。

(4) トレーサビリティ（ISO22000：2018規格要求事項箇条8.3）と製品回収手順の作り方（ISO22000：2018規格要求事項箇条8.9.5）

① トレーサビリティ

トレーサビリティとは、考慮の対象となっているものの履歴または所在を追跡できることをいいます。製品に関しては、次のようなものに関連することがあります。

- 原材料、包材の素材
- 処理の履歴
- 出荷後の製品の配送および所在

製品ロットとその原料のバッチ、加工の記録や出荷の記録との関係が追跡できるシステムを決めておきます。トレーサビリティ（追跡可能）のシステムは、たとえば原材料の発注伝票、入荷伝票、製造指示書、原材料投入の記録、加工の記録、検査記録、出荷記録などを体系的に整理して図表5-7のように表示できます。

トレーサビリティシステムは、食品安全の問題が発生した場合には、速やかに原因を究明して被害の拡大を防止するとともに、安全でない可能性がある製品を特定し、隔離または製品の回収にとりかかることができるようにしておきます。これは、問題の原因をさかのぼって追求できるために必要なことです。

また、トレーサビリティシステムでは、最低限、直接の供給者から納入される材料および最終製品の最初の配送ルートを明確にしておかなければなりません。その記録は、「最終製品のロット識別に基づく」こともあり、その場合はロット番号によって追跡が可能になります。

図表5-7　トレーサビリティシステム

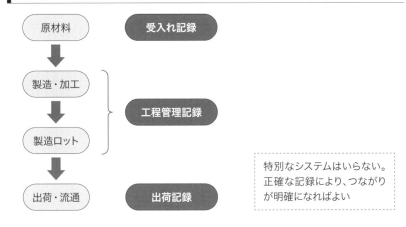

② 回収で実施・管理すべき点
a) 前提として実施すべき事項

　安全でないことが明らかにされた最終製品のロットについては、完全でタイムリーな回収（withdrawals）を可能にするために、次のような対応をしなければなりません。

　経営者（トップマネジメント）は、回収を開始する権限をもつ要員、および回収を実施する責任者を任命します。組織は、次のことを行うための「文書化された手順」（**図表5-8**）を作成しておくことが必要です。

図表5-8　回収の手順

トップマネジメントに任命された回収の実施責任者により実施

"文書化された手順"に基づき	回収の原因、範囲および結果の記録と、レビューへのインプット	回収プログラムの有効性を検証（模擬回収、回収演習）と記録
・利害関係者への通知 ・回収した製品、在庫品の取扱い ・とるべき一連の処理		

- 利害関係者（たとえば、法令、規制当局や顧客、消費者）への通知
- 回収した製品およびまだ在庫している影響を受けた製品ロットの取扱い
- とるべき一連の処置

b）回収した製品の管理

回収された製品は、次のような対応をするまで確保するか監督下に置いて管理します。

- 破壊する
- 意図した目的以外に使用する
- 意図した用途に対して安全であると判断する
- 安全であることを確実にできる方法で再加工する

c）その他の措置

その他、回収にあたっては、次のような措置をとることが必要です。

- 回収の記録には、その原因や範囲および結果などを記録しておく
- 回収の記録は、マネジメントレビューへのインプットとして、トップマネジメントに報告する
- 回収のプログラムは有効に機能するかどうか、模擬回収や回収演習などを用いて検証して、その記録を残しておく（**図表5-9**）

回収の演習では、トレーサビリティの精度確認と顧客とのコミュニケーション能力を確認しておく必要があります。

トレースバック：最終製品の識別記号から製造当日に使用した原料ロットや包材ロット及び工程の状況を特定して他の製品に使用した履歴を調査すること

トレースフォワード：製造に使用した原料ロットや包材ロット及び製造工程状況を特定して最終製品の追跡をすること

図表5-9　回収演習記録表の事例

情報の種類	内容	詳細な情報	必要な情報	最終報告先	
一般消費者	異物混入	顧客名		製造履歴	一般消費者
顧客（組織）	表示不良	製品名		製造履歴	顧客（組織）
流通段階	包装不良	製造日		輸送履歴	顧客（組織）
製造工程	加熱不足	識別コード		製造履歴	工場長
原料メーカー	製品間違い	ロット番号		原料履歴	工場長
包材メーカー	接着不良	その他		包材履歴	工場長

想定された回収内容	○○で製造ロットにおいて、複数の異物が発見された

調査日と開始時間			検証終了時間	
対象部門／実施者	準備した記録名称	検証した結果	有効性の有無	

有効性評価日時			
評価部門／実施者			
検証結果に有効性が認められる点		検証結果に有効性が認められない点	

総合の評価	
回収規定の見直し点	
改善計画	
改善実施記録	
次回の演習案など今後の課題	

第 5 章　構築（2）　社内の食品衛生管理における現状把握の正しい方法

d)　製品の回収手順のチェックリスト

　最後に、以上をもとに回収についてチェックしておくべき項目を一覧にしておきます。

　回収計画システムについては、以下のとおりです。

- 製品ロットの識別コードの表し方を具体的に文章化しておく（各製品ごと）
- 出荷先・販売先の記録を調査するフローシートを作成する
- 苦情ファイルを作成しておく
- 回収チームの編成を決めて、連絡先のリストを作成しておく
- 回収の手順を図式化しておき、確認ができるよう配慮する
- 行政当局・販売先・消費者への連絡方法を規定し、連絡網をリストにしておく
- 回収後の製品処理方法を文書化する
- 回収の進捗状況と回収結果を総括する
- 補償措置に関する会社規程を明確にしておく

回収の開始については、以下のとおりです。

- 原因、対象製品、流通地域、数量などの報告がすぐにできるようなフォーマットを作成する

回収後の措置については、以下のとおりです。

- 改善方法と実施手順

回収終了後に回収プログラムの修正が必要か、分析項目を決めておきます。

- 補償措置と実施手順

回収製品に関する記録は以下のとおりです。

- 名称・ロット
- 理由
- 製造時のモニタリング記録
- 最終製品の検査記録
- 保管・出荷・流通に関する記録

また、回収作業に関する記録は以下のとおりです。

- 対象製品の範囲
- 回収方法・消費者への告知方法とルート
- 行政機関への連絡
- 数量
- 回収後の検査結果
- 処分方法
- 回収効果の評価と回収計画の見直しの有無
- 回収に伴う補償内容の記録

連絡先のリストのうち、顧客リストはとくに重要であり、最新版を維持して管理されている必要があります。また、回収方法をそのつど決める際にも、顧客リストの取扱いに関しての指示も行う必要があります。

組織側が接触する相手には、マスコミ、警察、保健所、その他取引先などが含まれます。これらもリスト化が必要で、どこに連絡するかを特定できればよいでしょう。

このトレーサビリティの精度が確認できたら、出荷後の製品の場所などの追跡をした上で、連絡がスムーズにできたか否かを確認して振り返り、課題を抽出することが必要です。

(5) 適切な表示の重要性

① 表示に関する法令など

日本国内には、表示に関する法令として、次のような規制があります。

- 食品表示法
- 不当景品類および不当表示防止法
- 薬事法
- 計量法
- 米トレーサビリティ法

第5章　構築（2）　社内の食品衛生管理における現状把握の正しい方法

- 牛トレーサビリティ法

② 感受性の高い消費者への表示

　消費者への食品安全ハザードの影響は、それらを消費する側の状態によって大きく異なります。ハザードに対して感受性が高い消費者の集団には、たとえば次のようなものがあります。

- 高齢者
- 幼児
- 病人
- 妊婦
- 免疫力が低下した人
- 特定のアレルギー患者

　感受性の高い消費者への提供を意図した製品の場合には、最終製品の特性が文書に明記されていることを確認しなければなりません。

　この他にも、「加熱用（生食不可）食品」「電子レンジ不可の製品」など、製造者が意図した用途に反したときに食品安全ハザードがもたらす状況も、考慮しておく必要があります。

第**6**章

構築（3）
前提条件プログラムの整理
（ISO22000：2018規格要求事項箇条8.2）

食品工場で必要とされる最低限守らなければならないことを、前提条件プログラム（PRP）といいます。ここでは、この対象となる事項について、ハード面、ソフト面、その他の側面に分けて、詳しく解説します。

第6章　構築（3）　前提条件プログラムの整理（ISO22000：2018 規格要求事項箇条 8.2）

前提条件プログラム（一般的衛生管理プログラム）とは

　食品工場で必要とされる最低限守らなければならないことを、前提条件プログラム（PRP：Prerequisite Program、一般的衛生管理プログラムと同じ意味）と称しています。前提条件プログラムはISO／TS22002-1などとして規格化され、FSSC22000の中に組み込まれています。

　言い換えれば、HACCPシステムによる衛生管理の基礎として、整備しておくべき衛生管理のプログラムのことです。施設設備の構造、保守点検・衛生管理、機械器具の保守点検・精度確認・衛生管理、従業員の教育・訓練、製品の回収など、衛生管理にかかわる一般的事項がこれに該当します。

（1）なぜ前提条件プログラムが必要とされるのか

　HACCPシステムは、それ単独で機能するものではありません。包括的な衛生管理システムの一部です。したがって、HACCPシステムによる衛生管理を効果的に実施するには、その前提として食品の製造に用いる施設設備の保守点検などの一般的な衛生管理が確実に実施されることが必要です。それらについて、その実施方法（作業内容）、実施頻度、作業担当者、実施状況の確認、記録の方法に関する具体的な計画文書を作成・整備します。

　ハザードの発生防止上、きわめて重要な工程管理に注意を集中させたのがHACCPシステムです。しかし、CCP（Critical Control Points：重要管理点）だけに注意を集中しても、衛生管理の土台である製造環境、原材料・包装資材の保管管理、従事者の衛生管理といった部分がおろそかになってしまえば、食品の安全性確保は困難です。CCP管理に注意を集中できるように、製造環境からの汚染を効果的

図表6-1　なぜ前提条件（一般的衛生管理）プログラムが必要か

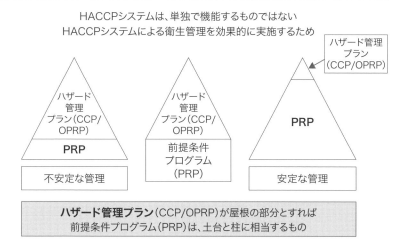

に予防することによってはじめて、HACCPシステムは初期の目標を達成できるのです。

図表6-1のように、HACCPのハザード管理プラン（CCP／OPRP）が屋根だとすれば、前提条件プログラム（PRP）はまさしく土台と柱に相当するものです。理想としては、ハザード管理プラン（CCP／OPRP）の面積が小さいほど良好な状態です。それは、集中的な管理が可能になっている状態からです。

(2) 前提条件プログラムの位置づけ

前提条件プログラムは、アメリカの場合はGMP（Good Manufacturing Practice）、カナダではPP（Prerequisite Program）とされています。また、コーデックス（CODEX）では「食品衛生の一般原則」とされ、国際的に推奨される実施規格となっています。

日本では、食品衛生法50条に基づく管理運営基準、衛生取扱規範、企業における作業標準などに盛り込まれた衛生管理要素の体系的な文書がそれに該当しています。

とくに決められた様式はありませんが、各企業における現状の作業標準などの内容点検、見直しなどを行うとともに、計画（文書）を体系的に整備する必要があります。FSSC22000を構成するISO22000では、PRP（Prerequisite Program）としています。

Column

コーデックス

　コーデックスはコーデックス・アリメンタリウスというラテン語からきた言葉で、食品規格という意味です。1962年に、国連食糧農業機関（FAO）と世界保健機関（WHO）が、消費者の保護と公正な国際貿易の促進を目的として、合同で作成することにした国際的な食品規格です。

　コーデックス委員会（コーデックス・アリメンタリウス・コミッション、略してCAC）は、その食品規格計画の実施機関です。そのなかの部会の1つに食品衛生部会があり、「食品衛生の一般原則」や「HACCPのガイドライン」を採択し、いまやこれらが世界標準となっています。また、世界貿易機関（WTO）のWTO協定を批准した各国で食品の貿易に関する国際紛争が発生すればWTOが調停することになり、その判断基準となるのはコーデックス規格です。

　このようにして、各国の食品衛生関係の法規は、「食品衛生の一般原則」（前提条件プログラム）や「HACCPのガイドライン」を参考にしたものになってきました。

2	前提条件プログラムの対象となる事項

　整理方法はいろいろとありますが、本規格の前提条件プログラム（ISO22000：2018の箇条8.2）に沿って整理する方法を例に示します。

ハード面

（1）建物や関連施設の構造と配置【施設や環境に関する基本的な要求事項】

① 建物の構造と配置

● 構造は鉄骨や鉄筋コンクリートが基本

　工場建屋の一部に雨が浸み込んだり、雨漏りがしていたりするようでは、安全な食品衛生環境を確保することはできません。建築物の構造は、耐久性に優れた鉄骨・鉄筋コンクリートづくりを採用します。それ以外ならば、必要に応じた適切な修繕を計画どおり実施しているかを確認する必要があります。現状を把握して点検することが重要です。

● 配置のポイントはゾーニングと入場ルールの規定

　衛生管理規則などで衛生管理区分のゾーニングを規定すること、また製造加工場へ入場する際のルールを定めることです。原料や一次包材が暴露するエリアは、衛生レベルを高くする必要があります。

　たとえば、工場近辺に廃棄物処分場があったり、汲み上げている井戸周辺で農薬を散布していたりする場合には、このようなリスクになりうる情報を収集できるルートが重要です（外部コミュニケーションを図った記録を残して、変化を適切に把握するとよい）。

　また、食品の製造場所は工場内で適切か、オイル・グリース・化学薬品のような危険物質の保管場所はきちんと決まっているかなども重要です。

第6章 構築（3）　前提条件プログラムの整理（ISO22000：2018 規格要求事項箇条 8.2）

② 施設と作業エリアのレイアウト

● 施設のレイアウト

工場の設計・建設が施設の要求条項をクリアできているかについては、衛生管理区分の設計図（人の動線、原材料・製品の経路）や機器配置図で確認できます。要求条項をクリアした状態を維持するために、定期的な清掃を行う必要がありますが、この清掃が妥当か、あるいは設計的に不備があるかは、モニタリングにより監視することができます。

設計的に不備がある場合、応急的な設備改善は当然行うとしても、今後の設計に活かすために、なんらかの文書に残しておくことが必要です。

ゾーニングについては、各ゾーンをどのような標準で管理しているか、たとえば空気の質、服装、パーティクル（Perticle、小片・粒子）数などの事項を含めて**図表6-2**のようにマトリックスにしておくとわかりやすいでしょう。

● 加工エリアと原料保管エリアを区別して管理する

製品の中身を加工する区域と原料や包装資材の保管区域は、一定の区別をして管理します。たとえば、生の肉と加熱、加工した肉を一緒に混在させるべきではないことからも理解できるでしょう。さらに、アレルギー物質についても混在を避けるような配慮が必要です。

図表6-2　ゾーニングごとの標準管理内容に関するマトリックス

	靴の使用	服の使用	空気の質	温度管理	○○○
一般区					
準清潔区					
清潔区					
高度清潔区					

建物は、原料、資材、製品と要員の流れがきちんと設計されていて、社内の基準に則った衛生管理区分を設定している必要があります。物理的な区別では、壁やシートシャッターなどで区分され、衛生レベルが明確になっていることが大切です。この点は、現場をよく観察して現状を把握できれば、どのような管理をすべきかがわかります。

　原料と資材は、前室にシートシャッターやエアカーテンを設けて、そこから搬入することで、有害生物の侵入を極力防ぐことができます。また、フォークリフト用のシャッターを開放しないように、人が入室する扉を別に設けるなどの対策があります。

● 加工エリアで必要な構造

　壁はコンクリートの擁壁、床は塗床を施工して、清掃と洗浄可能な仕様であることが必要です。ウェットエリア（調合室など）については、水たまりが生じないように適正な床勾配を設けます（なお、包装エリアはドライエリアなので、必要な排水は排水管などで行っていることが多いです）。常に水がたまっている個所は要注意で、補修の必要があります。応急処置としては、スウィーパーなどで水たまりを除去します。

　ウェットエリアについてはさらに、架台と土間コンクリート、塗床を施工し、加工区域からの排水が可能な設計をしていることが理想的です。また、各排水管または排水桝には、トラップを設けることが、虫の侵入を防ぐには有効です。さらに、調合室の天井やシートシャッター上部は、可能な限り勾配型の形状を採用することで、ホコリなどの蓄積を最小限にできます。こうした状態でなければ、点検と清掃作業でカバーすることになります。頭上のホコリをどのように清掃するかについては、設計というよりも管理面で運用すべきことです。

　外部に開く窓があるかについても把握してください（保管倉庫の窓も同様）。換気扇などでは、網目のサイズに配慮した防虫用の網を設けてください。フィルターの設置も効果があります。また、防虫の観

点から、シートシャッターはセンサー式を採用して、極力開放状態が少ない出入りを心がけてください。さらにフードディフェンスの観点から、外部に通じる扉は常時施錠をしておくか、カードキーを活用してください。

● 機械装置配置の基本

機器配置の良し悪しは、設備管理の基準（メンテナンスのしやすさ）と清掃基準（清掃のしやすさ）で決まります。これらの基準は、5Sパトロールや防虫モニタリング、事故報告などで確認できます。

● 製品汚染リスクを避ける

微生物の試験室などは、製造棟と物理的に離れた事務所棟に配置されているなど、製品汚染のリスクがないことが必要です。

ラインに設置されている設備の汚染リスクを減らすために点検を行います。たとえば、圧力計の封入液が漏れていないかなど、細かな点にも注意を払います。

また、規定には微生物検査が終わった検査用のシャーレの処理方法（オートクレープによる滅菌処理）などが適切かどうかなども加味しておくとよいでしょう。

● 一時的な構造物を建設する際に注意する

たとえば、仮設のテントハウス、スポットのクーラーやウォーターサーバーなどが該当します。その場合、周辺の清掃が必要です。これらを清掃できるように配置し、管理者とともに管理方法を決めます。こうした一時的な構造物を建設する際は、ハザードの評価と対応についてアセスメントなどを実施します。

● 原料、中間製品、最終製品を隔離して管理

保管区域は、原料、中間製品や最終製品を隔離できるような管理が求められています。原料や資材保管庫には断熱材を設け、結露が発生しないようにします。また廃棄物と区分して、ドライエリアで保管し、メンテナンスや清掃がなされることが大切です。さらに包装エリアや原料保管庫には換気設備が必要です。

原料に関しては、温度管理だけで湿度の基準がないところもあります。原料保管庫については、リスクに準じて決定すればよいでしょう。ただし、必要ならば管理している記録を保持しておきましょう。

　原料は原料保管庫で保管し、中間製品は最終製品と区別して保管しなければなりません。コンベヤで所定の場所に搬送する場合には、各製品などが混在しないように設計しているかなど、現状を明確にしておくことが必要です。

　また、製品の中身にハザードを発生させる中間製品の存在があるかどうかは重要です。交差汚染（原料と廃棄物が一緒に置かれて、廃棄物が原料に悪影響を及ぼすなど）リスクの有無は、現場をよく観察することでチェックします。

　保管区域は、有害生物の住処となりうる個所を排除し、点検・清掃がしやすいことを目的とし、ある程度の規制（文書に示しておく）が必要となります。この妥当性については、防虫モニタリングにより評価される場合が多くあります。この点も、現場をよく確認しておくことです。

　フードディフェンスの観点から、製品への混入リスクを想定することも大切です。清掃に使用する薬剤、洗浄剤、化学薬剤やその他の危険物質は、別の安全な保管場所（鍵がかかる、アクセスが管理されているなど）に置くことが必要です。この場合、中性洗剤、手洗い用の洗剤、グリースも含みます。まずは、在庫品（保管品）を対象としてルールを決め、その後に使用中のものの保管ルールを決めるとよいでしょう。

　上記の危険物質は、基本的には製造区域とは別の場所に保管することが要求されます。すなわち「無造作に誰もが持ち出しできる状態は避けなければならない」というのが要求事項の意図です。

　タンクローリーやコンテナ単位の取扱いに関する基準には、ハザード分析が必要です。バルクスタイルの取扱いに関するハザードと管理手段が明確になっているとよいでしょう。

第 6 章　構築（3）　前提条件プログラムの整理（ISO22000：2018 規格要求事項箇条 8.2）

（2）作業空間や従業員施設を含む構内の配置【施設や設備の整備】

① 施設・付帯設備の要件、保守点検と衛生管理、排水・廃棄物の衛生管理

　施設・付帯設備については、次のように構造上の要件および保守点検と衛生管理方法（実施計画と記録）を定める必要があります。

　施設・付帯設備について規定すべき項目は次のとおりです。

- 立地
- 建物の周囲
- 建物の外部
- 建物の内部（広さ、構造、区分についての構造上の要件、および床、内壁、天井、扉、窓についての構造上の要件と保守点検および衛生管理）
- 高度清浄区画
- 出入り口
- 換気、空調、照明設備
- 水、給蒸気設備
- 排水設備
- 手洗い設備
- その他の衛生設備
- 屋外設備を含む付帯設備（排水処理設備や廃棄物処理設備）
- 実施計画と記録

②実施計画と記録のポイント

　これらの実施計画は、上記の各施設・設備の保守点検と衛生管理について、事項ごとにその実施方法と頻度、担当者、確認方法を盛り込んで計画書を作成します。

　記録は、結果について実施内容またはモニタリング結果、実施または観察日時、担当者氏名、とられた措置などを文書に記録して1年以上保管します。

　ここでのポイントは、施設の周囲、施設設備、天井・内壁、換気・

空調設備などを定期的に清掃・点検し、清潔に維持することです。照明設備は定期的に清掃し、照度測定を定期的に行います。窓・出入り口は開放しないように留意します。

(3) 空気、水、エネルギーやその他のユーティリティの供給源【蒸気、水、空気、圧縮空気などのユーティリティ管理】

① 使用水の衛生管理に必要な文書

　ユーティリティの管理としては、まず使用水と原料水の管理があげられます。使用水は、食品加工工場ではとくに重要な管理項目です。

　使用水の衛生管理規程に盛り込むべき基準については、以下の事項を網羅した使用水の衛生管理規程を作成します。食品と接触する水、食品と接触する機械に用いる水の基準は次のとおりです。

- 水質検査の項目と頻度
- 受水槽の点検・清掃方法などの基準
- 配水管の基準
- 塩素水による殺菌（クロリネーション）管理基準
- 冷却水の管理基準
- 履物殺菌水槽の管理
- 衛生管理担当者・責任者と点検項目・頻度を文章化して規定
- 実施記録の保管基準

　次に、衛生管理規程の各水質基準の記載事項には、次のことが記載されているとよいでしょう。

- 目的
- 対象と適用範囲
- 水質管理基準
- 改善措置の方法
- 水質管理の実施方法（実施項目・対象・担当者・実施頻度、実施状況の確認方法、記録・管理責任者、また、登録検査機関による水質検査について規定）

141

- 使用水の管理（公的機関による分析）
- 原料水の管理（官能検査、残留塩素・微生物検査）

　直接の影響がある場合には、蒸気やその他のユーティリティの質に関する文書も必要となります。その場合は、衛生管理規程などに追加するとよいでしょう。

② 使用水・原料水や処理水の検査

- 使用水・原料水の検査

　使用される水、製品、製品面と接触して使われる水（冷媒、熱媒など）は、「特定の」品質、および微生物学的な要求事項を定めることが必要とされています。

　工場で使用される水の品質条件が決められており、かつそれをどのようにモニタリングするかを決めておけばよいでしょう。「特定の」とは、何らかの指標（パラメータ）で示す必要があります。イオン交換前の使用水に関する基準も必要となる場合があります。

- 処理水の微生物検査

　滅菌・殺菌に対する初発濃度への影響度を把握することが目的であり、ある程度のレベルで制御されていれば、滅菌・殺菌により製品汚染のリスクはないため、飲用に適した水をそのまま適用できます。

　とくに殺菌による製品汚染のリスクについては、調合した液の微生物検査により間接的に評価できることもあります。

　熱交換機はプロセス側（処理している液側）への混入を回避するために差圧管理を行っており、混入による微生物リスクはきわめて低いとの判断もあります。ただし、ジャケット付きタンクの差圧管理はできないため、微生物リスクとしては残存しますが、上記のとおり調合した液の微生物検査で最終的にはリスクの評価ができます。

　モニタリング内容の確認として、残留塩素の基準を決めて、それが順守できていればよいでしょう。また、逆流しない配管構成となっていることも確認が必要です。

　飲用に不適な水は、実際の配管に表示されていることもあります。

「製品と接触する水の微生物レベルが上がった際に、それを殺菌（減少）できるようにしておく」ということがわかります。それであれば、「消毒できるパイプ＝熱水殺菌できるライン」が想定できます。熱水殺菌の効果については、原料水の微生物検査でモニタリング可能です。

③ ボイラー用化学薬剤の使用について

ボイラー用化学薬剤（清缶剤など）を使用している場合は、その成分が許可された食品添加物でなければなりません。添加物を使用していない場合は、とくに規定は必要とされていません。

とくに注意が必要なのは、蒸気を直接封入して加熱する場合です。蒸気を作成する工程とその工程で発生する危害発生の要因を明確にして管理する（できる）方法を記載しておくことが必要です。

④ 陽圧管理と差圧管理で空気の質をチェック

加工現場の「空気の質」に関して、資料のレベルで整理しておきます。

清浄度が高いエリアでは、陽圧管理（内部の圧力が外気圧より高い状態にすること）をする要件を明確にしておきます。また、原料や一次包材が暴露するエリアである充填室、調合室および包材の投入室について陽圧管理をしているならば、その要件も対象とします。この管理は、設備のハード仕様とモニタリング、設備管理などのソフト面で成り立っています。

たとえば、次のような管理が対象になります。

- 充填機室内の陽圧管理
- フィルターの差圧管理

設計上、陽圧化できる計画および衛生レベルの高い室から低い室に空気の流れを計画する必要があります。

また、空調機などに容易にアクセスできる、フィルターは容易に交換できる建設仕様である必要があります。その場合には、「特定の」差圧を基準値にして、その差圧が維持されていることを確認する方法

は、組織側が決めておきます。フィルターの差圧管理で要求される完全性とは、フィルターの破れ・漏れがないかを調べることです。

⑤ 圧縮エアなどは水分、油分、ホコリなどの除去を考える

二酸化炭素、窒素、圧縮エアなどの供給では、ホコリや水、油を取り除くことが大切で、フィルターにより異物・水分が除去され、かつオイルフィルターなどで衛生的な管理が実施されていることが必要です。また、直接製品に接触する可能性がある場合、使用する油は食品向けのグレードであることが要求されています。オイルレス、オイルフリー、レシプロなどの仕様をよく確認しておきましょう。必要に応じて、配管系統を変えるなどの対応が必要なケースもあります。

製品中身に直接接触する場合には、濾過、湿度、微生物学的要件を組織内で定めておく必要があります。

エアについて必要な管理は、次のとおりです。

● 除菌フィルターの定期交換

保守に関する文書だけでなく、仕様に関しての文書も入手しておくとよいでしょう。

● フィルターによるホコリの除去

● エアドライヤーによる水分除去

基本的な仕様は、「空気の質」に関する資料の考え方を採用すればよいでしょう。

湿度（露点）については、コンプレッサーの仕様を入手して、供給されるエアの質の一覧に加えておきます。食品の安全を満たす圧縮空気であることをどのように確認しているかが重要です。供給されるエアの質として、「油の混入のないこと」を文書化しておくことも大切です。メーカーに確認して、微生物レベルがどの程度かを把握しておく方法もあります。

基本的には、リスクは配管工事による切粉などの混入であり、そのリスクは工事後のフラッシング操作（配管内部などの残留物などを除去し、循環洗浄を行うこと）により取り除かれているとも考えられま

図表6-3　労働安全衛生規則の採光及び照明

作業の区分	基準
精密な作業	300ルクス以上
普通の作業	150ルクス以上
粗な作業	70ルクス以上

す。特別な対応がなされていない場合も多いのが現状です。

⑥ 照明の飛散防止などを注意する

　定期的な照度の測定は、社内の基準にしたがって対応します。最低の照度については、**図表6-3**の「労働安全衛生規則 第三編 第四章 採光及び照明（第六百四条−第六百五条)」を参考にするといいでしょう。食品製造では、明るさが必要な場合もありますから、実際の作業環境で判断した方が適切です。

　照明は、LED（一般照明と異なり破損することがなく、強い衝撃を与えた場合へこむ程度である）であり、飛散防止カバーがされているかをきちんと確認しておきます。対象は、製造エリア、原材料保管エリア、倉庫エリアとします。

　保護という意味では、なんらかのカバー（飛散防止）をして、製品を汚染から防止する必要があります（化学系工場では、防爆タイプでも可能)。

　なお、高所のナトリウム灯が飛散防止になっていなかったことに対して、次のような対応でハザード発生の可能性がないことを確認したうえで、とくに保護対応しないケースもあります。

- 生産時には交換しない
- 高所のため物理的な衝撃を受けず、管理基準を順守していれば破損しない

　このように、リスク管理の観点では、製造場内の優先度はきわめて高いでしょう。原材料倉庫は基本的に原料が開封されて保管されない

のであれば、製造場内よりリスクは低くなります。製品倉庫はパッケージングしているためリスクは低く、「ハザード分析を行った結果、危害発生時の重篤度は高いが、発生する頻度は低く、リスクはきわめて低いため、定期的な点検で対応する」という考え方もあります。

(4) 廃棄物や排水処理などの支援業務【廃棄物の管理方法】
① 廃棄物の分別と回収ルール・回収のポイント

回収ルールによって廃棄物の長期間滞留による微生物汚染を避け、回収するポイントや廃棄物経路図により、製品汚染のリスクがないことを確認する必要があります。

- 分別を明確にする
- 定期的な回収を実施する
- 回収のポイントを決める

製品汚染に至る事態としては、廃棄物から虫や微生物が発生して製品の微生物汚染につながるなどの例があります。

② リターナブルで使用する廃棄物容器で注意すること

リターナブル（繰返し）で使用する廃棄物容器（ゴミ箱のようなもの）を使用する場合は、基本的にはワンウェイの内袋を使用しているので、「洗浄できない」あるいは「中身の衛生状態を確認できない」ことによるリスクはきわめて低くなります。ただし、製品を廃棄しているカゴについては、衛生的な状態での使用が必要です。

原材料の容器を廃棄物容器として再利用する場合には、紙袋などが濡れて汚染源になるといった可能性があるので避けましょう。

③ 廃棄物の堆積や商標の再利用に注意

- 廃棄物の堆積を避けるための注意点

堆積した廃棄物が、食品を取り扱う区域や保管区域を汚染するような管理をしてはなりません。とくに、動物性や植物性の残渣には注意が必要です。

廃棄物の堆積や長期滞留による製品汚染のリスクを回避するために、廃棄物の保管ルール、回収頻度を決め、衛生的な管理・運用が求められます。すなわち、基本的に製造場内から毎日回収していることが基本です。

ただし、休日・祝日の回収がない場合もあります。その場合は衛生エリアで保管しておくことを避けるべきです。

＊ 容器包装などに関する注意点

原材料、製品または印刷済みの容器包装は、キズをつけて変形させるか、または商標の再利用ができないように次のような処理をします。

● 廃棄製品・半製品は破砕機などで粉砕する

● 商標が記載されているラベルなどは、破壊後に廃棄する

自社でできない場合は、廃棄業者に処置を依頼し、契約を交わす必要があります。工場では盗難されない管理を行う必要もあります。このように、工場全体のセキュリティ管理と適切な管理が必要です。

廃棄等の記録は、廃棄物管理票（マニフェスト）でも代行できます。記録は維持しておくことも大切です。

④ 排水管の位置に注意する

加工ラインを、開放系である包材の使用室、調合・計量室、充填工程と位置づけて、現場をよく確認します。これには、CIP（定置洗浄：Cleaning-In-Place）の排水も該当します。

天井があって、漏れていることがわかっても、製品や原材料に直接混入しなければ、リスクは低いかもしれません。基本的には、密封系の配管の上であればリスクは低く、製品や原材料が暴露している個所はリスクが高いと考えるべきでしょう。

排水管の勾配として、汚染区域から清浄区域への流れは発生してはならないことです。よく現場を確認する必要があります。

⑤ 排水処理施設の管理

排水は、地区行政の基準に従った管理をしてください。異臭や虫の

第 6 章　構築（3）　前提条件プログラムの整理（ISO22000：2018 規格要求事項箇条 8.2）

生息につながるケースがあるので、定期的な点検や測定が必要です。

（5）装置の適切性、清掃、洗浄、保守、予防保全のしやすさ【設備・機械器具の要件、保守点検と衛生管理】

① 一般的原則

　設備・機械器具は、衛生上の危害発生が避けられるような構造・材質で、保守点検と衛生管理が容易にできるように設計・組立・管理がなされている必要があります。設備・機械器具の使用にあたっては、保守点検と衛生管理計画書を作成し、責任者をおいて管理・運用します。

　構造と機能上の要件は以下のとおりです。

- 構造
- 材質
- 表面処理
- 機能および数

また、保守点検と衛生管理についても同様です。

② 各工程に用いる設備・機械器具

　図表6-4の構造・機能上の要件と保守点検および衛生管理項目について、箇条書きにするとよいでしょう。

- 集積外包装設備と装置・機器

包装機・ラップ機・バンドマチック機など

- 製品搬送設備および装置・機器
- 容器包装材料保管設備の保守点検と衛生管理
- 洗浄設備

CIP装置

手作業による洗浄機械器具

その他の洗浄装置

これらの実施結果は**図表6-5**のように記録し、保管します。

148

図表6-4　保守点検および衛生管理項目

原料受入れ設備・原料保管設備

	構造と機能上の要件	保守点検方法	衛生管理方法
濾過器			
冷却装置			
秤量器・計測器			
ポンプ			
タンク			
倉庫			

製造設備

	構造と機能上の要件	保守点検方法	衛生管理方法
原料の溶解装置			
殺菌装置			
タンク類			
金属探知機など			

充填包装設備と機械器具

	構造と機能上の要件	保守点検方法	衛生管理方法
容器の供給装置			
容器の洗浄装置			
充填機			
巻締め機・シール機			
殺菌機・滅菌機・冷却機など			

搬送装置、送液設備と機械器具

	構造と機能上の要件	保守点検方法	衛生管理方法
パイプ・バルブ			
ポンプ類			
流量計			
搬送コンベヤなど			

図表6-5　清掃の実施結果の記録例

（　年　月　週）

施設の管理	機械器具の清掃実施結果記録							
日（曜） 場所または名称	1 （月）	2 （火）	3 （水）	4 （木）	5 （金）	6 （土）	7 （日）	作業担当者 サイン
作業台	○	○	○	○	○			
包丁	○	×	○	○	○			
まな板	○	○	×	○	○			
ふきん	○	○	—	○	○			
機械類	○	○	○	○	×			
冷蔵庫	○	×	○	×	○			
冷凍庫	○	○	○	○	○			
○○○								
○○○								
○○○								
○○○								
確認者サイン								

ソフト面

（1）購入資材、廃棄、製品の取扱い管理【購入材料の管理方法】

① 購入材料の管理方法や評価

　購入材料の管理方法に関しては、供給先の選定や評価の基準が該当し、次のような基本ルールを規定します。

- 取引先を新規選定する際の評価の基準を定めておく
- 年1回、取引先の評価を実施し、必要な改善アクションを実施しているかが問われる。ISO9001の購買評価を行っていれば、そのプロセスが使用できる
- 「特定された購入要件の仕様に、入荷する材料が適合していること

とが検証されなければならない」と規定されているが、受入れ検査で実施しているはずである

　取引に先立ち、供給先の能力評価を実施しているケースがそれに該当します。新規部品（材料変更）がある場合は、4M変動としてアセスメントを実施するのもよい方法です。原材料については、サプライヤー選定時において、社内でアセスメントしておくことが必要です。

　また、購入するものの評価に関しては、「第三者証明」すなわちHACCP、ISOやFSSC22000などの認証までは必要とされませんが、規格の考え方に沿った管理がなされていることを評価する必要があります。ここにいう評価とは、原材料の評価ではなく、サプライヤーの評価で、次のような方法があります。

- 品質情報の照会（COA：Certificate of Analysis）の確認
- 調達担当において、サプライヤー評価の結果などに基づき、サプライヤーの監査を実施する方法もある

② 購入材料の受入れ時の留意点

　購入材料の受入れ検査として、次のような点が要求されています。

- 品質情報の照会、品名・数量、温度（必要な原材料）、外観、賞味期限を受入れ時に確認しておく
- 封印確認も実施しておく
- 車両の荷台の点検は、荷卸し前、荷卸し後に必要
- 異常時処置方法にしたがって対応することも重要
- タンクローリーなどは、受入れ検査で合格してはじめて受け入れる
- 搬入口は、キャップなどをして施錠管理を実施しておく

(2) 交差汚染の予防手段【異物混入対策、温度管理の必要性、交差汚染の予防方法】

① 異物混入対策は5S活動が基本

　工場内では整理、整頓、清掃、清潔、習慣づけ（躾）の5Sをしっ

かり実施することが重要です（**図表6-6**）。

製造工程中からも異物が製品に入ることがあるので、従業員にその監視を徹底させましょう。異物混入予防として、異物の特性に基づいた工場の管理方法を確立することが大切です。

② 温度管理の必要性

● 食品などの衛生的な取扱い

一般的な原則では、原料・包装資材などの受入れ保管、製造、製品の保管などは、あらかじめ定められた衛生管理計画（SSOP：衛生標準作業手順など）に基づいて適正に実施します。

この衛生管理計画には、作業内容、方法、手順、頻度、担当者などが決められていることが重要です。また、これらの実施結果を記録・保管します。

各食品の衛生管理では、工程ごとに作業にかかわる衛生管理項目を箇条書きで記述するのが、オーソドックスな方法です。

● 原料保管の温度管理

使用する原料は、適切な温度で管理します。測定した温度だけを記載している例をしばしば見ますが、重要なのは基準値に対してどうかを確認した証になることです。したがって、基準値を明確にして、合否の判定をしたことを示す記録になっていることが大切です。

図表6-6　5Sとその意味

整理	不用な物を現場に置かないようにする
整頓	いつでもすぐに使えるように整えておく
清掃	製造設備を使用した後には清掃して、異物混入がないように注意する
清潔	製造関連施設や設備は、常に清潔さを保つようにする
躾	決められたことを確実にすることを、従業員に教育する

③ 交差汚染の予防方法

衛生管理規程などに決めておくべきこととして、次のような事項があげられています。

a) 製品に異物混入する可能性のある作業個所および設備の上部（開口部）

- 対象個所：計量室・溶解用タンク・原料処理設備・各計量秤など
- 処理手順：破片の除去・清掃など
- 記録を残すこと

b) 製造設備

- 対象個所：流量計・温度計・サイトグラス（見えるようになっているグラス製のもの）など
- 処理手順：洗浄の実施

c) カバー類の点検

- ガラスを使っている場所のリストの管理は必要。これがないと点検もできない。リスクとしては、使用する容器のほうが大きい場合が多い

d) アレルゲン物質の管理

- 使用原料の中で、アレルゲンを含む物が何かを明確にしておく
- 原料保管場所を明確にして、誤使用を防ぐ
- 計量時には、交差汚染しない手順を決めておく
- 端数原料は管理する方法を明確にしておく
- 製造工程で交差する場合には、管理手段を明確にする
- 洗浄後の残留がないことを確認しておく
- アレルゲン拭取り検査手順書も作成しておく
- 生産予定の立て方にも配慮が必要である

（3）清掃・洗浄、殺菌・消毒の手順【清掃などに関する基本的な要求事項、洗浄・殺菌と消毒】

① 設備や機械器具の洗浄・殺菌と消毒

● 一般的な原則

洗浄・殺菌対象ごとに、次の事項が含まれる洗浄・殺菌計画を作成して、管理・運用します。また、これらの実施結果を記録して保管します。

—洗浄・殺菌対象

—方法

—使用する洗剤の種類・濃度・温度・必要流量・時間

—頻度

—担当者

ここで重要なのは、洗浄・殺菌計画は、あらかじめ十分な効果が得られるとの妥当性の確認をしたうえで作成することです。

● 清掃・洗浄と殺菌・消毒に必要な基準と規定

衛生管理規程、清掃基準（サニテーション基準）などにおいて、一般的な施設・設備の衛生管理方法を規定し、清掃基準・洗浄基準などにより清掃頻度とサニテーションプログラムを取り決めておきます。

● 加工場の装置の適切性と清掃・洗浄および保守点検

a) 装置・部品類の選定

製品の中身が接触する装置・部品類を選定する際は、清掃・洗浄・メンテナンス性を考慮していることが必要です。これらを考慮したうえで、装置および部品類を選定します。

b) 適切性に関する装置の要求事項

装置などは、メンテナンス性があり、水たまりの発生しないような設計を行っている必要があります。また、製品の中身が接触する装置・部品類は、洗浄剤のアタックに耐えうる材質を選定している必要があります。

さらに、架台や壁の穴がそのまま放置されて、汚染源にならないよ

うに対処している必要があります。この場合は、調合や製品液が接触する個所が対象となります。

次に、設備の要求仕様に、枝管のないことが盛り込まれています。この点は、設計段階のアセスメントチェックリストにも含まれていることもあります。

疑義がある場合は、アセスメントにおいて、当該装置の洗浄性を確認することにより、洗浄可能であることを検証しておくことも大切です。

また、行き止まりがある配管によってさびや異物などが本流側に供給されることがあります。とくにSIP（蒸気滅菌：Sterilize-In-Place）のラインに異物が混入する可能性が高まります。さらに通常使用しないラインも危険です。日常的に製品に接触する個所は最小限にしてください。

c) 装置の清掃・洗浄に関する要求事項

これについては、次のような点が要求されています。

- 製造終了後、決められた洗浄方法で洗浄を行っている
- 製造中の中間CIP（定置洗浄）なども、決められた内容で実施している
- 清掃基準にしたがい、清掃を実施している

ここでは、自ら定めた頻度および洗浄方法が文書化されているかが問われていると考えるべきです。

d) CIP（定置洗浄）装置による洗浄・殺菌

CIP（Cleaning-In-Place）装置による洗浄のポイント、およびCIPプログラムに関する内容は**図表6-7**と**図表6-8**にまとめています。

第 6 章　構築（3）　前提条件プログラムの整理（ISO22000：2018 規格要求事項箇条 8.2)

図表6-7　CIP装置による洗浄・殺菌

● CIP（Cleaning-In-Place）洗浄のポイント

すべての洗浄対象物に対し、必要となる流量が確保されるように設計する
スプレーノズルからの噴射状況が良好で、循環中タンク内に滞留する液面を出口部分より一定の高さ以下に保持できる必要がある
間欠運転ですすぎが行われるときは、一時的にほとんど滞留がなくなるように調整する
CIP中の洗浄ラインの内圧を点検し、圧力が過大にならないように適切に管理する
洗剤は、適切な温度および濃度で使用されていることを確認する。なお、温度についてはCIPのつど、酸・アルカリのそれぞれの濃度については定期的に滴定検査により確認する。また、洗剤の活性・汚れの程度は、定期的に検査する必要がある
その他、CIP装置の運転管理マニュアルにしたがって適切に管理する
あらかじめ設定したCIPプログラムの条件から逸脱した場合は、同プログラムの適切なステップから、再度、洗浄を開始する

● 典型的なCIPプログラム

①タンクなどが空であることを確認する
②清水（飲用に適した水）ですすぐ
③適切なアルカリ洗浄液の循環により洗浄する
④清水によりすすぐ
⑤適切な酸洗浄液の循環により洗浄する
⑥清水によりすすぐ
⑦純水など中身に使用している水により最終すすぎを行う
⑧熱水・殺菌水などにより殺菌・消毒する（殺菌水を使用したときは、その後、清水などですすぐ）
適用に際しては、必要な洗浄基準を達成するために①～⑧の要点についての指標（パラメータ）を確立する。この指標は、洗浄殺菌計画に明記し、品質管理の一部として監視する

156

● **CIPプログラムにおける注意事項**

「内容物の殺菌後の工程」の殺菌や消毒は、使用前に実施する
マンホールのガスケット部分、三方コックなど、通常のCIPでは十分な洗浄効果が期待できない個所は、CIP洗浄後に分解して手洗い・すすぎを行い、汚染しないように注意して組み立て、CIP装置により最終すすぎを行う
プレートヒーターやUHT殺菌機などの接液部は、熱変性した蛋白質や脂肪、有機・無機質の混在によりスケールが付着しており、使用した洗剤は汚れが激しいので、再利用せずに使い捨てが望ましい
CIP運転終了後、タンク内や配管内の洗浄効果を定期的に確認し、洗浄やすすぎが不十分な場合は、装置の改善や洗浄・殺菌プログラムの見直しを行う
CIP終了後に加熱部の一部(カーブしたエルボ:ひじの型のパイプやTの字になったパイプ:チーズ)を分解してみて観察すると、洗浄がいき届いているかどうかがよくわかる。すすぎの水の細菌検査も、効果的である

図表6-8　CIPプログラムの基本手順

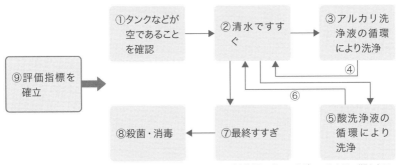

注)製品によっては酸・アルカリの順もある。

e) 手作業による洗浄・殺菌

CIP装置のないタンク、配管、CIPでの洗浄が実施しにくい部分については、以下の方法で行います。

- タンク・配管などが空であることを確認する
- 清水によるすすぎを行う

第6章 構築（3） 前提条件プログラムの整理（ISO22000：2018規格要求事項箇条8.2）

- 取り外し可能な部分については、分解・洗浄する
- 表面をきずつけないような専用の洗浄器具を使い、手洗い洗浄剤で表面を丁寧に洗い、汚れを落とす
- 清水ですすぎ、汚染のないように注意し、乾燥させて直ちに組み立てる

④ 検証結果の記録や文書化

　ここでは、上記の洗浄レシピや頻度のベースとなる検証結果の記録、あるいは今後その有効性をどのように検証していくかが文書化され、かつその検証結果の記録が必要であると考えられます。

　CIPにおける洗浄性評価は、洗浄（サニテーション）基準により文書化して、「基準どおりの洗浄条件で洗浄できたかどうかの確認に関する要求」は記録し、「基準での洗浄性のモニタリング」は製造開始時に検証することもできます。

　清掃基準の有効性の検証は、5Sパトロールや防虫モニタリングにより実施し、それを清掃基準へ反映することもよい方法です。ここでは、妥当性を確認した記録が必要です。

⑤ 設備管理基準にしたがったメンテナンスの実施

　修繕コストを考慮した場合、必ずしも予防保全（計画的、兆候管理）がすべてではなく、事後保全でも大丈夫な項目もあると考えます。事後保全とするか、予防保全とするかも含めて予防保全プログラムを定め、運用することです。

　予防保全の計画書は、ハザードに応じて見直すべきです。ハザード分析を行ったうえで、現状の設備管理基準書などに追加する方法もよいでしょう。

　また、リスクアセスメントが重要です。現実的にすべてを食品グレードにできないのであれば、まずは点検で防止できるかを検討しておくことです。

　攪拌機内の減速機のオイル漏れ、巻締め機のオイルやグリスに毒性はないかなどを確認しておくことも必須です。リスク評価をして、管

理手段を明確化することです。

また、メンテナンス要員に対して、メンテナンスに伴う製品へのハザードについての教育・訓練が必要であるとされています。したがって、メンテナンス要員に対しても、前提条件プログラム（PRP）に関する教育・訓練を実施する必要があります。メンテナンス要員の力量に、ハザードの知識を加えておけばよいでしょう。

⑥ 衛生管理規程における清掃チェックリストの例

□ 清掃基準にしたがい清掃

清掃個所および清掃レベルについて、定期的モニタリングなどによりその妥当性を検証し、必要に応じて見直しをしていくことが必要です。

□ トイレの定期清掃の点検

5Sパトロール、防虫モニタリングも、維持していることの確認として有効です。

□ フィルター類の清掃の点検

□ 洗浄剤、殺菌剤、潤滑剤などの化学物質の管理

責任者を定め、決められた場所に保管します。また、保管場所には保管物質の名称を表示し、数量管理を実施します。

⑦ 清掃・洗浄区域

次のような点の注意が必要です。

- 洗浄区域については、基本的には洗浄基準の「体系表」に規定しておくこと
- 清掃区域・清掃方法は、清掃基準において規定していること
- 清掃基準については、担当エリアおよび担当者が明記されていること
- 製造管理基準書などについては、担当者が明記されていること
- 初回製造アセスメントも重要
- 月1回の防虫モニタリングにおいて、清掃の妥当性を検証していること

第6章　構築（3）　前提条件プログラムの整理（ISO22000：2018 規格要求事項箇条 8.2）

- 洗浄の妥当性を異物確認および香味確認により実施している
　ケースもある。これは、モニタリングに位置づけることもできる

（4）鼠族・昆虫の防除管理【鼠族・昆虫の管理プログラム、鼠族・昆虫の防除方法】

① 管理（文書）プログラム項目と実施記録

　図表6-9のように管理プログラム項目と実施記録には、次のような事項を盛り込みます。

② 鼠族・昆虫の基準と管理手段

　鼠族・昆虫の防除方法を規定する基準は次のとおりです。

- 原材料・半製品取扱いの基準
- 洗浄（サニテーション）の基準（ただし、現状は検証方法が規定されていないケースが多い）
- 衛生管理規程

防除方法としては、次のような確認手段があります。

- 原材料からの汚染という観点では、受入れ検査により袋の破れなどを確認する
- 洗浄不良による有害生物の増加については、洗浄性確認により有機物の残留が発生しない洗浄プログラムを確認する
- 有害生物の場内での状況については、衛生管理規程においてモニタリングすることを規定する
- 5Sパトロールも加える（検証機能も持っている）

　防虫の管理計画・委託契約と薬剤リストの作成については以下のとおりです。

　まず、防虫管理計画（プログラム）は、標的となる有害生物の特定、実施計画、実施方法、スケジュール、管理手順および必要な場合の要求事項の訓練を文書化することが要求されています。

　次に専門業者との業務委託契約では、現状多くの企業で専門業者と業務委託契約を取り交わし、防除活動を委託しています。その場合に

図表6-9　管理（文書）プログラム項目と実施記録の例

管理（文書）プログラムの項目	記録
管理体制	活動の議事録
管理責任者と従事者の役割や責任分担	活動の議事録
管理を第三者に委託する場合は、委託業務の範囲、契約当事者の責任権限	契約書
建物の周囲、建物・構造物・設備・機器が備えるべき要件	構内のパトロール結果
防除方法を規定する基準 鼠族・昆虫の防除方法については、次のような基準に規定される。 ・原材料・半製品取扱いの基準 ・洗浄（サニテーション）の基準 　（ただし、現状は検証方法が規定されていないケースが多い） ・衛生管理規程	月次報告書
使用する薬剤リストとその管理方法	使用した記録
薬剤の使用方法	薬剤の出納
使用対象、使用場所、使用方法（散布・塗布・くん蒸、その他）、使用濃度、その他の注意事項	防虫措置の実施 ・防除対象 ・実施日時 ・場所 ・使用薬剤 ・薬剤の使用方法・濃度・回数・使用量 ・その他
トラップの配置図	月次報告書
管理プログラムの実施効果、モニタリングのための点検方法と点検頻度	建物の周囲、建物・構造物・設備・機器が備えるべき要件にかかわる保守点検

は、どのような役割を委託しているかを明確にしておく必要があります。

たとえば、次の点です。

- 目標の設定
- 月1回の防虫モニタリング

③ 使用許可する化学薬剤リストの作成

使用許可している化学薬剤のリストを作成しておくことも必要です。製造場内において、化学薬剤による殺虫は原則禁止としているケースもあります。一方で、市販の殺虫スプレーを使用しているところもあるため、リスト化および使用可能な殺虫剤の基準化が必要です。

リストを作成して、だれがいつ承認したのかがわかるようにしておいたほうがよいでしょう。細かく濃度や種類、洗浄後の確認基準を定めているケースもあります。

④ 有害生物のアクセスポイントの閉塞

壁の穴、排水管および他の潜在的な有害生物がアクセスできる個所は、ふさいでおく必要があります。改修工事時には、可能な限りすき間の閉塞工事を行っておくことも大切です。

また、防虫モニタリングによる有害生物のアクセスポイントの調査と対応を実施する必要があります。不要な扉は、コーキング剤などで閉塞しておき、最小限の出入り口で設計している必要があります。

⑤ 保管エリアでの取扱い

保管エリアについては、すべてドライエリアで保管を行い、廃棄物（有機物）などとの交差汚染はないようにしておくべきです。原材料・半製品取扱い基準（**図表6-10**）を明確にしておき、汚染拡大防止のための手順を作成しておく必要があります。

また、次のような点に留意します。

- 製造に不必要な植栽や保管品などは、建屋内に設置しない
- 外部空間での保管は行わない

図表6-10　原材料の保存管理基準の例

○○材料保管基準

作成・変更年月日	
作成・承認者署名	

食品の取扱い	原材料の管理		
食品の種類	管理方法		担当者
	保存場所	保存温度	
食肉	専用のフタ付き容器に収納し、原料用冷蔵庫（下段左　食肉棚）に保存する	10℃以下	製造係
生食用魚介類	専用のフタ付き容器に収納し、生食用原材料冷蔵庫（上段）に保存する	10℃以下	製造係
その他魚介類	専用のフタ付き容器に収納し、原材料冷蔵庫（下段右　魚介類用）に保存する	10℃以下	製造係
冷凍品	外装資材の表面をふきんでふいた後、70％アルコールを噴霧し、原材料用冷凍庫で保管する	－15℃以下	製造係
野菜類	下処理室で外装資材から取り出し、流水で洗浄後、専用の容器に移し替えて原材料用冷蔵庫（野菜用）へ保管する	15℃以下	製造係
果物	原材料用冷蔵庫（上段　右棚）に保管する	10℃以下	製造係
鶏肉	専用のフタ付き容器に収納し、原材料用冷蔵庫（上段　左棚）に保管する	10℃以下	製造係
調味料	調理台下の保管庫に置く	常温	製造係
米	原材料保管庫（すのこ上）に置く	常温	製造係

★ダンボールは、作業場および保管庫内に持ち込まない
★冷蔵庫内は、相互汚染防止のため、原材料の種類ごとに区画して保存する

⑥ ゾーニングとモニタリング

防虫ゾーニングは、図面で明示しておきます。また、月1回程度の業者によるモニタリングを実施します。

⑦ 駆除の業務委託時の留意点

前述のとおり、鼠族・昆虫の駆除を業者に委託しているケースが多いようです。

駆除作業時は、4M変動アセスメントを実施し、製品・安全ハザードを防止します。

また、定期的に鼠族・昆虫の駆除作業を実施し、その実施記録（日時、対象、場所、使用薬剤、使用方法、使用量、使用濃度など）を保管します。

業者による駆除記録は、受領して保管しておくと有効です。この場合、食品安全上は、使用した種類、量および使用濃度が含まれていることが重要です。

(5) 要員の衛生【従業員の衛生と施設の衛生管理、従業員の衛生教育と衛生管理】

① 基準などでの取扱い

従業員の衛生管理基準や衛生管理規程などで、決まりごと（ルール）を明確にします。

② 従業員の衛生管理（従業員の動線図の作成）

従業員の衛生管理としては、次のような点を管理することが必要です。

- 従業員の健康管理状態
- 従業員の手洗い
- 製造場で作業する従業員の作業着と衛生管理
- 従業員の行動チェック
- 従業員の衛生に関する記録

他に服装・装飾品チェック、つめの状態、健康診断記録、検便記録

などが該当します。

手洗いについては、次の点に留意します。

- 手洗いの場所を示すこと
- 当該場所に石鹸または殺菌剤が設置されていること
- 手洗い待ちが発生すると、処置が雑になる。新たな設置も考慮すること
- 手動とは、蛇口のように手を直接触れなければならないようものを指すが、衛生上は好ましくない

トイレについては、次の点に留意します。

- 手洗い・乾燥・消毒設備が必要
- 直接製造場内には通じていないこと

ロッカーについては、次の点に留意します。ロッカーでの交差汚染は、アセスメントしておく必要があります。原料を直接取り扱う区域では、当該エリアの直前で着替えることもあります。

仕事着からのリスクは低いとの考えもあります。しかし、ロッカーと製造場内がかなり離れている場合、ロッカーでの交差汚染のアセスメントは実施しておく必要があります。必要な管理手段を検討する必要も出てきます。

③ 喫煙・飲食エリアについて

喫煙、飲食エリアは明確にしておき、次の点に留意する必要があります。

- 一般管理レベル区域の定められた場所でのみ飲食を行う
- 喫煙は、決められた場所でのみ認める
- 社内に文書で共有化しておくことも必要
- 飲料水を飲む場所も決めておく

また、運用ルール（手洗い・消毒、ローラー掛けなど）を決める必要もあります。

さらに、持参してくる弁当の保管（腐って食中毒を発生させる可能性）ルールも大切です。なお、場内で飲食をアウトソースしている場

合には、その管理方法を確認しておくことも必要です。

④ 従業員の衛生管理基準

● 作業着の基準

作業着の状態は、基準を設けておくことが必要です。

計量作業は直接異物混入になる危険があるため、注意が必要です。たとえば、メンテナンスをした場合に、その作業着での作業範囲を限定する必要があります。

加工するエリアでは専用作業着を指定しており、ボタンは付いていない方がよいです。また、ウエストレベルより上に外付けのポケットも付いていない方が望ましいです。

● クリーニングや洗濯の基準

クリーニングまたは洗濯の基準を明確にしておくことも必要です。また、クリーニング条件（使用薬剤）を確認しておきます。

リスクに応じてですが、クリーニングに出す、または自宅で洗濯する場合の管理レベルは合わせたほうがよいかもしれません。外部にクリーニングに出す際、点検も合わせて実施してください。

● 髪の毛やひげの規制

一般区域を除く衛生管理区域内での異物混入（毛髪）防止のため、長髪は束ねてネット付き帽子もしくはネットの中に収め、外から見えないようにすることが必要です。

ひげはマスクなどで覆って露出しないようにするなど、ハザード分析が必須です。

また、手袋で原料に直接触れるのであれば、食品用のものを使用しているかを確認しておくことが必要です。

● 靴などの取扱い

運用上、粉物や水が飛散する際は、長靴を使用している場合が多いようです。スリッパやサンダルのように覆いがないものは、食品安全上使用できません。

個人用の保護装置としては、腰痛ベルトやヘルメットも対象となり

ます。これらが汚染源にならないような管理も要求されています。

⑤ 健康診断の実施

　新入社員・新規契約社員に対しては、入社前の健康診断の実施が必要です。

　また、アルバイトなどの短期雇用者については、どのようにすべきかをまとめておくことが必要です。なお、派遣社員については、派遣会社で健康診断を実施しているかを確認しておいたほうがよいでしょう。

　さらに、すべての従業員が健康診断を受けていることが重要です。これには、年1回の健康診断と特殊健康診断も含まれます。

⑥ 健康状態やきずへの対応

　製造に携わる従業員や製品に直接触れる可能性のある従業員は、作業開始前に健康状態を自己チェックし、その記録を残します。実施結果を確認し保管しておきます。

　伝染病、食中毒などへの対策については、就業規則などにしたがいます。

　絆創膏の色指定と始業前確認を義務づけておくことも有効です。「きずなどがある場合に絆創膏をしなければならない」との要求事項についての基準としては、とくに、原材料、内容に直接触れる作業の禁止は必須です。絆創膏紛失時の報告についても、基準に反映します。

⑦ 鼻かみ後の基準

　トイレ使用後の手洗い・殺菌は基準化されていますが、鼻をかんだ後の基準はないケースが多いようです。鼻水に微生物が混ざっていることを考えると、一般的な衛生管理は必要です。廃棄物を外に出しに行ったりした後、洗浄剤を手で触った後の対応なども考慮すべきことです。

⑧ 部外者の立ち入りの確認

　工場のセキュリティ規程など、工場部外者の立入りを正確に記録し

たものが必要となります。

⑨ 従業員の衛生教育と訓練

従業員に求められる力量（知識と技能）をはっきりさせることが、なによりも重要です。そのうえで、必要としている力量に到達させるために、教育目的、対象者、内容、スケジュールを明記した教育・訓練計画を作成し実施すると同時に、状況の記録をします。

● 教育計画

たとえば、人事部、総務部で作成してありますが、経験と職責に応じた内容になっている必要があります。

図表6-11に従業員の衛生管理教育の実施例を、**図表6-12**に新人教育の代表例として手洗いの教育・訓練プログラムを示します。

● 継続的な教育・訓練計画

各工程の製造責任者・モニタリング・改善措置や検証担当者に対し、定期的に上記の規定内容を再教育します。また、講習会・セミナーに参加させて、知識・技能の向上に努めることが必要です。

さらに、教育や訓練を実施した後にその実施内容がどのような効果があったのかを評価することが大切です。その評価により、教育・訓練そのものの評価も含めるべき内容となります。

● 教育・訓練の記録

教育・訓練を実施した後は、必ず**図表6-13**のような記録をとっておきます。

図表6-11　○○衛生管理教育 実施報告

○○衛生管理教育 実施報告

作成・変更年月日	
作成・承認者署名	

従事者の衛生管理	衛生教育		

実施時期	管理方法		備考
	内容・講師	担当者	
作業 開始前	日々の衛生管理に関する注意事項 調理従事者の服装のチェック 禁止行為などの復唱およびその確認	係長	
月1回	日常の衛生管理における問題点に関して、テーマを設定する。 例)手洗いの方法、ノロウイルスの特性、洗浄剤の効果的な使い方　など	係長	
年1回	①実務講習会への参加 ②実務講習会伝達講習会(受講者が、従業員全員に伝達講習を行う。講習会の回覧を行う)	食品衛生 責任者	
都度	法律改正や作業手順の改定などを行ったときは、そのつど研修を実施する	食品衛生 責任者	
新規 採用時	食品衛生責任者が食中毒とその予防方法、各種作業手順の留意事項などの衛生教育を行う	食品衛生 責任者	
定期的な 教育	従事者の衛生教育や工場での就業ルールの指導は、従事者の意識と理解を高めるために重要である。また、衛生教育は、安全で品質の高い製品をつくるための基礎でもある そのためには、新入社員やパートタイマーに対して、最初に社内規則、操業中でのルール、衛生対策などを教えるだけでなく、1年に何度か教育する定期的なプログラムを設定しておくことが大切である		
教育の 方法	従事者の作業能力や食品衛生の意識を向上させるには、従事者に作業内容やルールの重要性を理解させたうえで、実際にやらせてみて、その結果を評価することが大切である。マニュアルを与えて、それを守るように言うだけでは効果はない。こうした訓練は1回だけでなく、年に数回行うことによって、作業能力と衛生意識をより強化することができる ①ステップ1「その気にさせる」:必要性を説明し、理解させてその気にさせる ②ステップ2「作業をやって、理解させる」:実際の作業で、そのポイントを教える ③ステップ3「やらせてみる」:実際にやらせてみる ④ステップ4「フォローする」:評価し、指導する(ほめる)		

実施記録(実施日、参加者、実施内容など)を記録し、3年間保存する
【評価・見直し】定期的に衛生教育の効果について評価し、消費者から苦情があった場合などには、その内容を見直す

第6章　構築（3）　前提条件プログラムの整理（ISO22000：2018 規格要求事項箇条 8.2）

図表6-12　手洗いの教育・訓練プログラム

普段の手洗いの方法

手洗いはいつやるの？
・外出から帰ってきたとき　・トイレの後　・食事の前

手洗いの手順

①石鹸をつけ手のひらをよくこする。

②手の甲を伸ばすようにこする。

③指先・つめの間を念入りにこする。

④指の間を洗う。

⑤親指と手のひらをねじり洗いする。

⑥手首も忘れずに洗う。

⑦その後、十分に水で流し、清潔なタオル（またはペーパータオル）でよくふき取って乾かす。

ポイント
・手洗いのときは、腕時計や指輪をはずしましょう。
・1度だけでなく、2度洗うと、より効果があります。
・お湯を使うと、寒い季節でも十分な手洗いにつながります。
・薬用石鹸、逆性石鹸を使うと、より効果があります。
　（ただし、ノロウイルスに対しては、十分な効果が実証されていません）
・石鹸を使うときは、よく泡立てましょう。
・手を洗った後は、手荒れを防ぐためにハンドクリームなどでお手入れをしましょう。

汚れが残りやすいところ
・手洗いチェック専用のローションとその検出器を使い、手洗い時に洗い残しの多い部分を調査したところ、もっとも洗い残した人の割合が多かったのは、右手人差し指の先（甲側）でした。
・指先と手の甲は、洗い残す人が多い傾向にあり、また、利き手は、反利き手に比べて洗い残す人が多い結果となりました。
・指先やつめの間、手のしわは汚れが残りやすいところです。特に注意して洗いましょう！
・利き手は、意識して丁寧に洗いましょう！

丁寧に洗うための工夫

手の甲

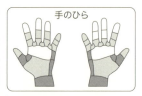
手のひら

%
～65
～50
～40
～30
～20
0～10

・手洗いの手順の各ポイントごとに「5」を数えながらこする。
・なぜいま手を洗うのかを意識して、本当に必要なときだけ洗うようにする。
・手洗い、乾燥のときは、ハッピーバースディを2回歌う（約20秒）。

図表6-13 教育・訓練の記録例

実 施 日 時	○年○月○日○時～○時
受 講 者	
講 師	
実 施 日 時	
目 的	
内 容	
使用した教材・プリント・レジメなど	
評価と課題	

⑩ 力量・認識についての考え方（ISO22000：2018規格要求事項
箇条7.2／7.3）

　前述した従業員に対する衛生教育だけでは作業はできません。職場
では多くの作業内容を身に付けて実行することになります。ここで
は、従業員に必要な力量や認識について説明します。

　まず、力量とは何かです。**図表6-14**のように、力量＝知っている

| 図表6-14　力量の意味

こと（知識）＋できること（技能）と捉えると理解しやすいでしょう。

　さまざまな作業を行う上での知識を持っていること、またその知識を生かして作業が正確にできることが求められる（必要としている）力量という表現をしています。この力量を明確にすることが最初の段階です。

　次に、この求められる力量をどの程度持っているか評価をしてください。すると、各項目について不足している分野が明確になります（**図表6-15**）。

　この不足分に対しての知識に対する教育と技能に対する訓練を適切に実施することです。

　そして、実施した教育や訓練が期待どおりの成果を生んでいるかについて、評価して振り返ってみることになります。このときに注意するのは、受けた従業員に対する評価はもちろんですが、提供した側も同時に評価することが大事になります。

　教育や訓練を提供した側の評価には、所要した時間や教育訓練の方法などを対象とします。なぜならば、成果が得られなかったのであれば何が問題であったかを明確にして次のステップに活用する継続性が大切であるからです。

　これらの一連の記録を残しておくと、力量をもった証拠と何を提供したのか、また不足している課題をどのようにしてフォローしたのかが明確になります。

　文書化した情報（記録）の保持の目的は、社内で活用できることが前提ですから様式は問いません。しかし、PDCAの観点で教育訓練の

図表6-15　必要な力量の考え方

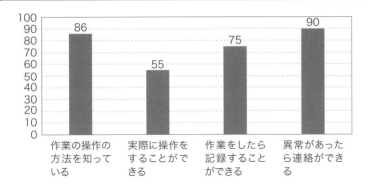

目的＝不足している力量、実施した教育訓練の内容、その評価結果、そして不足している点を補った事実などを記録するとよいでしょう。

教育・訓練の責任は教える側・教えられる側双方にある

　PDCAでPDの次はCですが、教育・訓練を実施したあとは、きちんとその評価をしなければなりません。ここで重要なのは「教育・訓練の責任は、教える側・教えられる側においてフィフティ・フィフティで負うべきだ」ということです。教育を受けても理解できなかったのは、教育を受けた側の責任ばかりではありません。たとえば、研修中に居眠りをしている社員が多かったのは、使った教材に問題があったのかもしれません。社員の力量がなかなか上がらないのは、そもそもOJTの時間が短すぎるのかもしれません。ここできちんとした評価ができないと、PDCの次のAで適切な改善につながりません。

　是正処置報告書の原因欄でよく見かけるのが「人の教育が足りなかった」という表現です。そして、その是正処置は「再教育をする」というものです。日本人は「再教育」という言葉が好きです。ミスを担当者の責任にして、その人を教育すれば解決すると考えている組織が非常に多いのです。

　こうした対応をする前に、よく考えてみましょう。その作業で組織

第6章　構築（3）　前提条件プログラムの整理（ISO22000：2018規格要求事項箇条8.2）

が求めている力量はどれだけのレベルだったのでしょうか。また、その担当者の力量は、そのときどれだけのレベルだったのでしょうか。そのギャップが大きければ、そもそもその担当者に作業自体をさせてはいけないわけであり、ミスが起きるのも当然です。こうしたことを明らかにしないで、すべてを人の問題にして再教育で対応するというのは、あまりにも短絡的な解決方法だと言えるでしょう。

教育・訓練の評価お薦めは資格認定制度

　食品工場を訪問して教育・訓練の話をすると、「ウチにはそのような余力はない」「人海戦術でやっているので、勉強する時間を設けることができない」と言い訳されます。そこで私はいつも「知恵を出しましょう。少しずつなら、やるチャンスはいくらでもあります。毎日ちょっとでも向上していけばいいじゃないですか」と言って、相手を励ますことにしています。

　「君は、○○の仕事をやりなさい」ではなく、「君は、○○の仕事ができるようになってください」と言い出したときから、教育は始まっています。そこにはすでに、「君は、こういう力量を持たなければならない」という目的意識があるからです。

　目的があれば、計画を立て、実行し、その評価を行い、改善することができます。ただ、日本の組織は、PDCAのPDはすぐにできますが、CAは苦手です。そこを補うため、Cの評価を社内の制度にして明確化するのも1つの手です。お薦めは社内での資格認定制度です。対象は何でも構いません。たとえば、異物検査者資格、官能試験者資格などです。ペーパーや実際の作業でテストをして、合格すれば資格を付与し、会社として評価するわけです。このような社内制度をつくれば、業務内容ごとに必要な力量も明らかになり、社員は資格を取ることで会社から評価されるわけですから励みになります。

　皆さんの会社には方針があり、目標があるでしょう。それらが社員の個人とどう結びついているかが明確になっているでしょうか。「う

ちには食品安全に関する方針があり目標もあるが、自分はそれに対して何をやったらいいのかわからない」と考えている社員はいませんか。こうした社内制度を設けると、社員は「私はこの検査を任されている」「私はこの工程の管理を任されている」という自覚を持ち続けることができ、自分の力量が会社の方針や目標の達成にどのように結びついているのかが見えてきます。

　組織が必要とする力量が明らかになると、組織の目標が見えてきます。個人に求められる力量が明らかになると、個人の目標が見えてきて、それは会社の目標に直結します。

「適切な記録」の意味は形ではなく中身が肝心

　ISO22000では、教育・訓練及び処置について、適切な記録を維持することが要求されています。この「記録」について、担当者からよく「OJTの記録も取るのか？」と聞かれます。たとえばOJTでは、先輩から教えてもらう際にメモを取ることがあります。そのメモを記録として扱えばいいのではないでしょうか。

　記録とは、「日時、場所、誰がどうしたと書くべき」という意見もありますが、大事なのは「目的は何か」ということです。どのようなトレーニングを受けたかが明らかで、それが評価できる内容であれば、その記録の目的は達成されているわけです。それが規格のいう「適切な」の意味です。形から入るのではなく、中身から入ればいいのです。

食品工場の教育・訓練は「常識」から先の話

　「ルール」を守ってもらうための「教育・訓練」というのもあります。しかしその際に考えておくべきは、常識までルール化すべきではないということです。たとえば、食台の上にある醤油の小瓶を誤って倒してしまい、醤油が食台にこぼれたとします。普通は、すぐに拭きとります。これは常識なので、あえて「醤油をこぼしたら拭くこと」

といったルールをつくったりはしません。ルールがなくても、マニュアルや手順書に書いていなくても、普通の人なら認識していることです。食品工場というのは、この食卓が拡大されたものだと考えてください。

では、汚れた靴を履いているという自覚もなしに工場に入ろうとする社員がいるなら、「靴は汚れたら洗う」というルールをつくらなければならないのでしょうか。むしろ、そうしたルールをつくらなければならない人の育て方に問題があるのです。これは会社が行う教育・訓練以前のレベルです。食品工場では人の口に入るものをつくっているのですから、食品安全に関しては、常識レベルは維持できていなければなりません。これが食品工場のスタート地点です。ISO22000の言う「教育・訓練」は、そこから先の話になります。

（6）製品の表示などの消費者への情報提供【製品の表示や情報開示のしかた】

製品説明書や商品カルテなどをホームページで公開している場合でも、情報開示はなされているといえます。しかし、正確であることが必要であり、アレルゲン（アレルギーの原因となる抗原物質）などに敏感な消費者に伝えて、食品安全を脅かすことのないような対応が求められています。

その他の側面

（1）製品や工程の試験検査やモニタリングに用いる機械器具の保守点検

① 試験検査実施計画書の作成

試験検査実施計画書には、次のような内容を盛り込みます。

- 検体採取点の規定には、原料受入れ・密封工程・加熱殺菌工程・最終製品の微生物的・化学的・物理的評価試験、製造環境の衛生度、使用水の監視など

- 検査方法・項目について、試験検査の作業標準書を作成する
- 検体採取頻度を定める
- 検査項目を規定する
- 実測資料データと検査結果の確認方法を規定する
- 判定基準…規格中の指標（パラメータ）が適合していることを確認する

② 試験検査による検証

モニタリングに使う計測機器の精度を検証する検査項目と方法を規定します。

- 原料
- 包装資材
- 中間製品・水・空気・蒸気
- 最終製品
- 工場内の微生物モニタリング

③ 試験検査設備の構造と機能上の要件

試験検査設備の基準（検査設備のレイアウトやスペース、検査機器の精度など）を決めます。

④ 保守点検

a) 管理基準

保守点検に必要な次のような管理基準を定めます。

- 試験検査室の管理基準
- 機械器具の管理基準（校正および校正の記録を含む）
- ソフトウェアの管理基準
- 試薬の管理方法の基準
- 検体の取扱い注意事項の規定
- 結果の処理方法

b) 確認事項

結果通知の作成にあたっての確認事項は、次のとおりです。

- データ

- 結果を算出した根拠
- 検出限界と定量限界
- 標準作業書からの逸脱と検査結果への影響
- 過去の検査結果との関係

c) 検体

検査用のサンプルについて、次のことを明確にします。

- 採取個所
- 名称
- 採取年月日
- 検査項目
- 検査方法
- 結果
- 通知の発行年月日・識別番号
- 検査責任者氏名

d) 記録の保管基準書の作成

e) 精度

精度を検査するには、次のような方法があります。

- 微生物学的試験検査
- 理化学的試験検査
- 公的検査機関または自社の他の検査機関とのクロスチェック
- 技能試験への参加

(2) 製品の手直し

手直しとは、半製品や数量・重量不足、包装不良などで出荷できないため、再加工などをして、製品として再利用することです。すなわち、ISO22000の規格にあった再加工・再利用を含む概念です。たとえば、惣菜製造業者で衣がはがれたコロッケに衣をつける作業や、形が崩れたハンバーグを作業員が手直しする作業などが該当します。

手直しが必要なものは、これから製品になっていくため、以下のよ

うな食品安全上の配慮が必要です。

- 保管する際は、製造ラインとは別の所定の保管容器に入れておく
- 内容や時期、ロットなどを表示し、記録もつけておく必要がある
- 内容物によっては、保管する温度、時間の限度を決めておく必要がある
- 倉庫に移す場合には、製品に汚染しないよう注意が必要になる
- 再利用する場合には、事前の検査で合格する必要がある

（3）倉庫保管のしかた
① 廃棄物と化学薬品の区分管理が必要

原材料、半製品、製品の取扱いにつき、基準を明確にしておくことが重要です。

原材料については、保管温度の基準がある場合、これを順守します。

一方、廃棄物と化学薬品は、原材料、半製品、製品の倉庫内には置かず、別の場所に保管することが必要です。社内用に図面化しておくと便利です。

廃棄物については、次の点が要求されています。

- 廃棄物の管理規程（回収ポイント）
- 衛生区分と経路（廃棄物の経路）

廃棄物（不適合製品を含む）の経路と回収ポイントの場所がわかれば、この要求事項には対応できます。また、不適合品の区分けの管理が必要です。

製造エリアでフォークリフトを使用する場合は、電動フォークリフトを使用する必要があります。製品保管庫での運用を確認しておくことも必要です。

第6章　構築（3）　前提条件プログラムの整理（ISO22000：2018 規格要求事項箇条 8.2）

② 輸送車管理の注意点

　原料、製品輸送に関する車両が対象となります。製品積込み前に、荷台の状態を確認していることが必要です。

　また、温度・湿度に関する要求事項がない場合は、とくにこれ以上の対応は必要ありません。実際に、空容器を輸送する前に洗剤を輸送した車両で、空容器に匂いがついた事例が包材サプライヤーにおいてありました。とくに、海外からの輸入コンテナなどは要注意です。

　サプライヤーからの受入れについては、受入れ検査で代替可能です。

第 **7** 章

構築（4）
HACCPツールによる
自己診断と整理方法

HACCPにおけるハザード、ハザードにつながる３種類の
原因物質、ハザード分析などの５つの手順と７つの基本原
則の留意点とISO22000：2018との関係について詳し
く解説します。

HACCPがどのようなツールであるかは、「第2章HACCPとは」で述べたとおりです。ここでは、具体的にHACCPを実施する方法について説明します。

1 ハザードとは

まず、「ハザード」とは何であるのかをよく理解しておくことが大切です。

ハザードとは、飲食に起因する健康被害またはそのおそれの要因をいいます。つまり、危害を発生させる要因であり、ハザード分析ではこれを分析するのです。

勝手にハザードになってしまうことはありえません。何らかの物質がはっきりと存在しています。それらを、ハザードの原因物質としてとらえるとよいでしょう。

では、危害を発生させるハザードになってしまう原因物質について考えてみましょう。

2 ハザードにつながる3種類の原因物質

ハザードの原因物質は、食品中に存在することにより人に健康被害を起こすおそれのある因子であり、次に示す3つに分類できます。

【ポイント】
① 生物学的ハザード（Biological Hazard）…食品中に含まれる病原細菌・ウィルス・寄生虫の感染、またはそれらの体内で産

生する毒素により、健康被害などを発生させるもの

② 化学的ハザード（Chemical Hazard）…食品中に含まれる化学物質（たとえば農薬など）により、疾病・麻痺または慢性毒性の健康被害を発生させるもの

③ 物理的ハザード（Physical Hazard）…食品中に含まれる異物の物理的な作用により、健康被害を起こすもの

注）よく使われるB.C.P.の略語は、Biological. Chemical. Physical.の頭文字を示している

　具体的に思い浮かべやすいのは、食品衛生上のハザードとして、飲食に起因する食中毒でしょう。数年前に日本全国で発生した病原大腸菌O-157は、あまりにも有名です。

　食中毒の多くは、サルモネラ・病原大腸菌・腸炎ビブリオ・黄色ブドウ球菌などをハザードの原因物質とする細菌性食中毒であり、生物学的ハザードに該当します。

　また、食品中に含まれる化学物質を原因とする食中毒もあります。たとえば、ふぐ毒・貝毒・きのこ毒などのように、食品中に天然で存在する化学物質があります。また、農畜産業で使用される殺虫剤や動物用医薬品（抗生物質など）や、工場内で使用する洗剤や殺虫剤、高濃度の食品添加物など、人為的に食品に添加または混入されるものがあります。これらは、化学的ハザードに該当します。

　さらに、金属片・ガラス片などの異物混入によって引き起こされる口腔内の傷害、胃腸障害などは、物理的ハザードの代表的な例です。

　図表7-1に3つのハザードの原因物質を例示します。

図表7-1　危害となる原因物質の例

健康に悪影響をもたらす原因となる可能性のある食品中の物質
または食品の状態における要因のことで、次の3つに分類される

生物的	化学的	物理的
・食品中に含まれる病原性細菌、ウイルス、寄生虫およびそれらが産生する毒素 ・生きている虫 ・これらは残存、増殖、混入も含む	・健康被害を起こす可能性のある食品中に含まれる化学物質 ・農薬 ・カビ毒 ・アレルゲン ・洗剤 ・抗生物質 ・潤滑剤 ・塗料 ・農薬 ・重金属	・健康被害を起こす可能性がある食品中に含まれる異物 ・石 ・砂 ・ガラス ・金属片 ・小さな器具 ・木片

では、3種類のハザードについて、詳しく説明します。

3　生物学的ハザード

【ポイント】

① 生物学的ハザードの多くは微生物によって発生します。大きく分けると、以下のとおりです
  ・細菌
  ・ウィルス
  ・原虫
  ・酵母
  ・カビ

② 微生物が生存して増殖するためには、栄養素、水、適当な温

度、適度な空気が必要です

③ 微生物のなかには、人に対し病原性をもつものもあり、それらをHACCPシステムでコントロールします

④ 微生物によるハザードには、有害な細菌、ウィルス、原生動物によるものがあります。生物学的危害は、微生物以外にも寄生虫（アメーバなどの原虫を除く）により発生し、それらもHACCPシステムによりコントロールします

(1) 微生物の種類

　食品は、原料・製造・加工のすべての工程において、生物学的なハザードの原因物質に汚染される可能性が高いものです。そのうち、肉眼で見えない微生物は、空気中、チリの中、海水、淡水、ヒトや動物の皮膚、消化気管、食品製造施設内のどこにでも存在しています。

　微生物を大別すると、前掲のとおり、細菌、ウィルス、原虫、酵母、カビとなります（酵母とカビによるものはマレです。ある種のカビは、特定の食品中でアフラトキシンという毒素を産生しますが、これは化学的危害に属します）。**図表7-2**に、生物学的ハザードの例を

図表7-2　生物学的ハザードの原因物質例

食品中に含まれる病原細菌、ウイルス、寄生虫、それらが産生する毒素が対象

病原性微生物	・サルモネラ、腸炎ビブリオ、病原性大腸菌（腸管出血性大腸菌O-157など）、黄色ブドウ球菌、セレウス菌、ボツリヌス菌、ウェルシュ菌、カンピロバクターなど
腐敗性微生物	・バチルス、シュウドモナス、カビ／酵母、乳酸菌
ウイルス	・ノロウイルス、肝炎ウイルス
寄生虫	・原虫類など

示します。

　ここでは、人に対して害を及ぼす微生物を制御することを考えます（有益なものは取り除くこと）。

(2) 微生物が増殖する要素

　通常、微生物が生存し増殖するためには、栄養素、水、適当な温度、適度な空気（なかには、ないほうがよい微生物、特殊な組成の空気が必要な微生物もいる）が必要とされます。

　もし、これらの必要な条件が欠けていれば、微生物は死滅するか、必要な条件がそろうまで機能を停止します。そのため、増殖に必要な栄養素・温度・水分量などをコントロールすることで、増殖速度を遅らせることができます。これが微生物制御の基本です。

(3) HACCPシステムのコントロールで注意すること

　微生物のなかには、増殖の過程で副産物を生成するものもいます。これら副産物のなかには人にとって望ましくないものが多く、食品の腐敗・変敗を引き起こすことが多くあります。腐敗・変敗しても、外観・色調などによる識別ができずに健康被害をもたらす可能性のあるものについては、HACCPシステムでコントロールし、予防するべきです。

　食品の製造・加工の段階で、多くの種類・量の微生物が増殖したり、同じ状態を保ったり、減少したり、完全に死滅したりします。たとえ十分に加熱して病原微生物が死滅したとしても、その他の微生物は生存し続ける可能性があることを知っておいてください。

4 化学的ハザード

化学的ハザードの原因物質には、次の3つの種類があります。

【ポイント】

① 生物由来の天然化学的ハザードの原因物質

② 人為的に添加される化学的ハザードの原因物質

③ 偶発的に存在する化学的ハザードの原因物質

　化学物質による汚染は、原材料の生産から製造・加工の工程まで、いたるところで起こりうる可能性があります。しかし、明確な目的があって使用され、適切な管理で使用されれば、有害にはなりえません。

　消費者に対してハザードとなるのは、コントロールされていない場合と、基準を超えて使用された場合です。化学物質の存在が常にハザードとなるわけではなく、その量によって決定されます。物質によっては、国の法令で残留基準値が規定されています。

　図表7-3に、化学的ハザードの原因物質例を示します。

図表7-3　化学的ハザードの原因物質例

食品中に含まれる化学物質で、疾病、麻痺および慢性毒性の
健康被害をもたらす可能性のある化学物質

自然存在する化学物質	・カビ毒、アレルゲンなど
食品添加物	・食品衛生法に定められた適切な使用条件が守られない場合
工場内で使用	・洗浄剤、殺菌剤、潤滑油など

（1）生物由来の天然化学的ハザードの原因物質

これには、次のようなものがあります。

① マリンキトシン（魚介毒）：シガテラ・ふぐ毒・貝毒など（麻痺性、下痢性、記憶喪失性をもつ）

② 植物性：マイコトキシン、ソラニン

③ ヒスタミン

注）

● シガテラ：熱帯の海洋に生息するプランクトンが生産する毒素に汚染された魚介類を摂取することで発生する食中毒

● ふぐ毒：有毒プランクトンなどの一部の真正細菌が生産した毒素が、餌となる貝類やヒトデなどを通して生物濃縮され、体内に蓄積されたものと考えられている

● 貝毒：魚介類が生産する毒物（マリントキシン）の一種で、貝類の毒（動物性自然毒）を指す

● マイコトキシン：カビの二次代謝産物として産生される毒の総称。ヒトや家畜などに対して急性もしくは慢性の生理的あるいは病理的障害を与える物質

● ソラニン：主にジャガイモの芽に含まれる有毒成分で、神経に作用する毒性をもつ

● ヒスタミン：これを大量に含む魚介類を食べると、摂食後、数分～2、3時間という短い間に嘔吐（おうと）、下痢、腹痛、頭痛、舌や顔面のはれ、じんま疹、めまい感といった症状を起こす

これらの化学物質は、収穫前の植物や漁獲・採取前の魚介類に存在します。

とうもろこし・香辛料・ナツメグは、ある種のカビ毒（アフラトキシン）で汚染されていることが多くなっています。

二枚貝などのある種の貝は、海水中のプランクトンを蓄積することにより毒化し、麻痺性（サキシトキシンなど）、下痢性貝毒、記憶喪失性物質を蓄積します。

ヒスタミンは、ヒスチジンを多く含む赤身魚などを高温で放置すると、ヒスタミン産生菌によりヒスチジンが分解されて生成されます。

(2) 人為的に添加される化学的ハザードの原因物質
　これには、食品添加物（使用基準が規定されるもの）が該当し、次のようなものがあります。
- かまぼこやソーセージによく使用される保存料（二酸化イオウ、ソルビン酸）
- 栄養強化食品やサプリメントによく使用される強化剤（ナイアシンなど）
- ワインによく使用されている酸化防止剤（亜硫酸など）

　食品添加物は、使用基準にしたがっている限りでは安全ですが、使用基準を超えるとハザードを起こす可能性があります。

(3) 偶発的に存在する化学的ハザードの原因物質
　これには、次のようなものがあります。
① 農薬（殺虫剤・防カビ剤・除草剤）
② 動物用医薬品（抗生物質・成長ホルモン・駆虫剤）
③ 指定外添加物
④ 重金属
⑤ 施設内で使用されている潤滑剤・塗料・洗剤・殺虫剤
⑥ 放射性物質

　化学物質は、意図的に食品に添加されていなくても食品に混入し、飲食によりハザードを起こす可能性があります。これらは、施設に受け入れるまでの原料中に混入、存在しているかもしれません。
- 家畜に対して抗生物質治療後、生産者が誤認して休薬期間中にと蓄場へ家畜を出荷してしまい、基準値を超えた抗生物質を含んだハザードをもたらすこともある
- 施設の殺虫に用いた薬剤が偶発的に食品に混入し、ハザードを

起こすこともありうる

● 高濃度で食品中に混入した洗剤により、口腔内に炎症を起こす
こともありうる

図表7-4に、化学的ハザードの原因物質とその発生原因及び管理手段の一例をまとめました。

図表7-4　化学的ハザードの原因物質とその発生要因・管理手段

危害の原因物質	発生要因	管理手段
1.　生物由来の天然化学的ハザードの原因物質		
カビ毒	・原料の輸送・保管中の不適切な取扱い	・原材料納入者からの保証書、検査成績書の添付
貝毒	・捕獲が禁じられている海域・時期	・原料受入れ時の採捕海域、採捕年月日の確認
2.　人為的に添加される化学的ハザードの原因物質		
食品添加物	・添加物規格に適合していないもの ・製剤の濃度・純度に問題があるもの	・添加物製造者からの保証書、検査成績書の添付
	・使用時、計測の誤り	・使用時の適正な計量
	・配合時の混合不良	・標準作業手順書の厳守
3.　偶発的に存在する化学的ハザードの原因物質		
農薬（殺虫剤・防カビ剤・除草剤）	・生産者の取扱いミス	・原材料規格の設定、保証書、検査成績書の添付
動物用医薬品（抗生物質・成長ホルモン・駆虫剤）	・生産者が休薬期間内に出荷し、使用基準に違反	・原材料規格の設定、保証書、検査成績書の添付
指定外添加物	・指定添加物との混同	・原材料規格の設定、保証書、検査成績書の添付
重金属	・環境からの汚染	・原材料規格の設定、保証書、検査成績書の添付

施設内で使用されている潤滑剤・塗料・洗剤・殺虫剤	・食品工場用以外の潤滑剤・塗料・洗剤・殺虫剤などの使用 ・潤滑剤・塗料・洗剤・殺虫剤の使用方法が不適切 ・殺虫剤を食品添加物と間違えて使用	・承認された潤滑剤・塗料・洗剤・殺虫剤などのみの使用、受入れ検査 ・洗剤などの使用方法の厳守、取扱い者の限定と、教育・訓練 ・適切な表示と専用保管場所での保管
放射性物質	・環境からの汚染 ・肥料、飼料などの資材からの汚染 ・原材料の汚染	・生産環境の確認 ・資材の由来の確認 ・原材料規格の設定、保証書、検査成績書の添付

5 物理的ハザード

　物理的ハザードとは、食品中に通常含まれない硬質の異物による健康被害をいいます。これには、次のようなものが含まれます。

① 金属片（機械器具の部品に由来するもの、従事者に由来する貴金属、ボタンに由来するもの、注射針の破片など）

② ガラス片（機械器具の部品に由来するもの、容器包装に由来するもの、照明機器の破片に由来するものなど）

③ 木片

④ 硬質のプラスチック片

⑤ その他

　すなわち物理的ハザードとは、食品中に含まれていた固形物を食品とともに飲食した際に、物理的な作用によって消費者の歯牙の破損、唇の創傷、のどの閉塞などの健康被害をもたらすものです。

　図表7-5に物理的ハザードの原因物質例を示します。

　これらのハザードの発生を未然に防止する管理手段には、

- 原材料の受入れ時の規格設定
- 機械器具の保守点検
- 標準作業手順書の遵守
- 従事者の衛生的な取扱い、従事者の教育・訓練

といった前提条件プログラム（135～180ページ）でコントロールすべきことが多いものです。

金属異物については、金属探知機の導入によって流出防止する管理手段も有効とされます。しかし、ここで大事なことは、発生を防止するための機能として他の手立てが必要になるということです。

図表7-6に物理的ハザードの原因物質と発生する原因と管理手段の一例をまとめました。

異物混入は、実際に健康被害に直結するハザードと、鼠属・昆虫、毛髪などのように、不衛生、汚らしい、気持ちが悪い、美的でないといった気持ちを抱かせる（ハザードとしては扱わない）ものとに分けられます。

図表7-5　物理的ハザードの原因物質例

通常食品中に存在しない異物で、その物理的作用によって
健康被害をもたらす可能性のある物質

ガラス片	・ガラス製品や照明器具の破損による
金属片・硬質プラスチック片	・原材料に含まれていたり、器械装置から混入
虫の死骸	・消費者にとって有害なおそれのある食品内の異物
その他の異物	・食品衛生法違反となる異物

図表7-6　物理的ハザードの原因物質とその発生要因・管理手段

ハザードの原因物質	混入の原因	管理手段
ガラス片	・照明器具、時計、鏡、温度計、製造機械器具ののぞき窓、ガラス製器具	・破損時の破片飛散防止措置を講じた照明器具の使用 ・プラスチック器具への代替 ・ガラス破損が認められた場合の製品の回収
従事者に由来する物品（装飾品・筆記用具など）	・従事者	・従事者に対する衛生教育
絶縁体	・施設、水、蒸気用パイプ	・定期検査、保守点検、適切な材質の使用
金属片（ボルト・ナット・スクリューなど）	・原材料、製造設備・機械器具、保守点検担当者、最終製品	・規格の設定 ・保証書の添付 ・製造設備・機械器具の保守点検 ・マグネット・金属探知機の使用 ・従事者に対する衛生教育
鼠属・昆虫の死骸、それらの排泄物	・建物・原材料	・鼠属・昆虫のすみかの排除 ・防鼠・防虫構造の保守点検 ・防鼠・防虫対策
木片	・施設・機械器具・パレット	・木製機械器具の排除 ・検査・保守点検
糸・より糸・ワイヤー・クリップ	・袋入りの原材料	・使用前の排除 ・検査 ・スクリーン ・シフター（ふるい） ・マグネットトラップ
注射針、散弾の破片	・食肉・食鳥肉	・金属探知機

193

6　ハザード分析の目的

　HACCPシステムにおいては、健康被害に直結するものに注意を集中すべきです。しかし、本来食品中に含まれることがありえない不衛生異物の侵入を許してしまったら、一歩間違えると健康被害に直結する異物が混入することもあります。また、不衛生感をもたらすだけでなく、ハザードに結びつく可能性もあります。さらに、目視・感触で容易に確認できるので、消費者からの苦情になり、PL事故（製造物責任の対象）にもなりかねません。そこで、可能な限り混入防止対策をとる必要があります。

　ハザード分析は非常に重要な作業であり、この分析作業の良し悪しでHACCPシステム全体の評価が決定されてしまうと言っても過言ではありません。

　また、ハザード分析を実施せずに製造工程管理を行うと、重要なハザードを見落とす可能性が大きくなります。その場合、このハザードが製造工程において管理されずに、問題のある食品が製造されるおそれがあります。

7　ハザード分析の注意点

(1) ハザード分析の注意点
　ISO22000：2018箇条8に沿ってハザード分析を実施する前に、次の項目が含まれていることを認識しておく必要があります。
　① ハザードの特定（ISO22000：2018の8.5.2.2）
　② 許容水準の決定（ISO22000：2018の8.5.2.2）

③ ハザードの評価（ISO22000：2018の8.5.2.3）
④ 重要な食品安全ハザードの特定（ISO22000：2018の8.5.2.3）

* ハザード分析の最終目標は、最終製品を摂取したときに食品衛生上のハザードが発生する可能性のある原材料や工程を特定して、それらを管理することです。そのため、対象となる「重要な食品安全ハザードの特定」をしてから、その上でCCP（重要管理点）又はOPRPを決定し、適切な許容限界（CL）/処置基準、モニタリング方法、改善措置（修正や是正処置）を設定するための情報を収集する目的があります
* 運用（製造）するなかで新たなハザードを見出すことがあり、このときにも新たな分析をする必要があります
* ハザードやそれを制御する処置や活動である管理手段を記載したリストを作成します。管理手段とは、各ハザードに対し許容できる水準まで低減する、または除去するなどの管理方法です

ハザードと危害の違いを、**図表7-7**に示しています。

ハザードは危害を発生させる要因をいい、ハザードを管理できずリスクを低減しないと、健康被害に遭い危害につながります。

図表7-7　ハザードと危害の違い

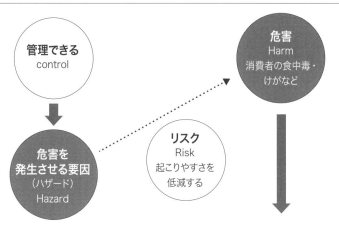

(2) HACCPは7原則・12手順が基本

　HACCPは7原則・12手順で現場管理を行うことが重要です。そのためには、正しい方法で進めることです。

　HACCPの12の手順にしたがって現場管理を構築・運用します。手順1～5は、手順6ハザード分析（原則1）のための準備段階です。次から、実際に1～5の順にしたがって、具体的な作業上のポイントや注意事項について説明します。

ハザード分析のための前段階（HACCPシステムの計画を作成する準備段階）

　適切な衛生管理を行い食品の安全を保証するためには、食品関連企業としてその目的意識と推進意欲を明確にしなければなりません。近年、経営トップの指示・無関心による不適正な表示、産地偽装などが多発しており、再発防止が強く求められています。そのためにはまず、経営トップのHACCPシステム導入への明確な意思決定と決断力が、もっとも重要なことは言うまでもありません。

　企業方針として導入を決定してからは、HACCPシステムに基づいた衛生管理の計画書であるHACCPシステム計画を作成します。この計画による衛生管理を適正に実施していくために、組織全体の目的遂行意識の維持と知識レベルの維持・向上が不可欠になります。このため、HACCPチームメンバーをはじめ、現場作業員も含めた教育・訓練について、組織的、計画的、段階的に準備を進める必要があります。

　HACCPシステム計画作成の準備として、図表7-8のような予備段階の手順を踏む必要があります。そして図表7-9にHACCPの7原則・12手順とISO22000：2018の構成を示します。コーデックスが開発したHACCPの準備段階は、図表7-9の左側に相当する項目で、ISO22000：2018の規格と関連性を保っています。

図表7-8　HACCP計画作成の準備段階

手順 1	食品安全（HACCP）チームの編成

↓

手順 2	製品の記述

↓

手順 3	意図する用途および対象となる消費者の確認

↓

手順 4	フローダイアグラム（製造加工工程一覧図）の作成

↓

手順 5	フローダイアグラムを現場において確認

図表7-9　HACCPの7原則・12手順とISO22000：2018の構成

12手順

前提の5手順

（7原則のため基礎情報）

①HACCPチームの編成
（5.3　食品安全チームの編成）

②製品の記述
（8.5.1.2原料、材料
　　　及び製品に接触する材料の説明）
（8.5.1.3)最終製品の説明

③意図した用途の特定
（8.5.1.4　意図した用途）

④フローダイアグラムの特定
（8.5.1.5　フローダイヤグラム工程の記述）

⑤フローダイアグラムの現場確認
（8.5.1.5　フローダイヤグラム工程の記述）

7原則

⑥ハザード分析
（8.5.2　ハザード分析）
（8.5.3　管理手段及び管理手段の組合せの妥当性確認）

⑦CCPの決定
（8.5.4 ハザード管理プラン）

⑧各CCPの許容限界の設定
（8.5.4 ハザード管理プラン）

⑨各CCPのモニタリングシステムの設定
（8.5.4 ハザード管理プラン）
（8.5.4.3CCP/OPRPに対するモニタリングシステム）

⑩是正処置の設定
（8.5.4 ハザード管理プラン）
（8.9.2 修正）（8.9.3 是正処置）

⑪検証手順の設定
（8.7 モニタリング及び測定の管理）（8.6.1 検証）
（8.8.2検証活動の結果の分析）（9.2内部監査）

⑫文書および記録保持手順の設定
（7.5 文書化した情報）

第7章

9 5つの手順の留意点とISO22000：2018との関係

(1)［手順1］食品安全（HACCP）チームの編成
　　　　　　　ISO22000：2018の5.3.2

　まず第一歩は、食品安全（HACCP）チームの編成です。このチームが、HACCP計画作成と計画による衛生管理実施上の中心的役割を果たすことになります。

　食品安全（HACCP）チームは、発言権と実行力のある施設の最高責任者（工場長）などをリーダーとして、製造部門の責任者、施設・設備や製造に用いる機械器具の工務（エンジニアリング）関係の保守担当の責任者、品質管理担当の責任者などを構成員とします。ただし、施設規模によっては各種業務を兼任している場合が多く、そのために経営者自らがチームリーダーとなることもありえます。いずれにせよ、リーダーは、HACCPシステム全体をよく理解していなければなりません。

図表7-10　ISO22000：2018に適用させたHACCPシステム5つの準備段階

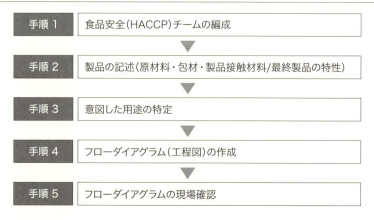

重要なのは、1人だけで取り組まないことです。可能な範囲で、社内の協力体制を確保するように努めましょう。外部の専門家の助言を得たり、食品衛生の試験業務については、自社で実施できない場合は外部に依頼することも検討してください。

　食品安全（HACCP）チームの最初の仕事として、その施設内で製造加工している製品について、それらの特徴、作業工程、施設の図面、機械器具の仕様書、作業手順書などすべてのデータや情報を集め、それらを整理しながら計画作成準備のための作業を開始します。

　ここで、食品安全（HACCP）チームの役割は、61〜67ページの「食品安全チーム編成と組織・役割の確認」を参考にしてください。

(2)［手順2］製品の記述（対象食品の明確化）
###　　　 ISO22000：2018の8.5.1.2／8.5.1.3

　衛生管理を行うにあたって、まずどのような食品が対象になるのかを明確にしておかなければなりません。管理対象がわからなければ、それに対する的確な対応策は考えられません。そこで、最終製品について、さまざまな項目に分けて仕様や特性を記述します。

　一般的には、次の手順3（用途と対象者）も合わせて「製品説明書」として1つの表にしています。

　具体的には、最終製品について、次の事項を記載します。

- 製品の名称および種類
- 原材料の名称および種類
- 使用基準のある添加物の名称と使用量
- 容器包装の材質および形態
- 製品の特性（生物学的特性、化学的特性、物理的特性がわかるようにしておくこと）
- 消費期限あるいは賞味期限と流通・保存の方法
- 喫食や利用の方法
- 対象となる消費者の中で、とくにアレルギー物質を含む場合は、

第7章 構築（4） HACCPツールによる自己診断と整理方法

喫食制限となるので、そのことも記載しておく

● 関連する法令・規制要求事項

図表7-11　冷凍クリームコロッケの製品説明書の例

項目	説明内容
1. 製品の名称および種類	・名称：冷凍クリームコロッケ ・種類：凍結前に加熱ずみで、加熱後に摂取する冷凍食品
2. 原料の名称および種類	・とうもろこし、たまねぎ、油脂、小麦粉、牛乳、パン粉、水、調味料、香辛料
3. 使用基準のある添加物の名称と使用量	なし
4. 容器包装の材質および形態	・トレー：ポリプロピレン ・フィルム：アルミ蒸着ポリプロピレン ・5個入り、総重量：125g
5. 製品の特性	・生物学的特性：規格基準に適合するように凍結前加熱ずみ ・化学的特性：アレルゲン物質（小麦粉）を含む ・物理的特性：異物はない
6. 製品の規格	・生菌数：100,000個/g以下 ・大腸菌群：陰性 ・黄色ブドウ球菌：陰性 ・サルモネラ属菌：陰性
7. 賞味期限および保存方法	・製造後－18℃以下で12ヵ月
8. 喫食または利用の方法	・電子レンジ、オーブンなどで加熱後に摂取
9. 喫食の対象とする消費者	・主な消費者層：幼稚園児、小中高生、主婦

　なお、原材料には水と氷、加工助剤、蒸気など使用するすべての物品（たとえば、かまぼこであれば充填用窒素ガスや炭酸ガス、板など）をリストアップしておき、危害の発生要因の検討を必ず行います。

(3)［手順3］意図する用途および対象となる消費者の確認
ISO22000：2018の8.5.1.4

危害要因の発生する可能性を検討するためには、製品が、誰に、どのように使用されるのかを明確にしなければなりません。

消費者が製品をそのまま使用するのか、他の製品の原材料としてさらに加工するのか、最終消費者が加熱調理してから食べるのか、そのまま食べるのかを、予測できる範囲内で明らかにします。

また、対象となる利用者は、一般的消費者なのか、あるいは病人や乳幼児などなのか、そうでなければ二次加工者なのか、わかっている範囲で記述します。

この情報は、製品の管理レベルに影響を及ぼすからです。とくに、管理に欠陥があった場合、製品に含まれる可能性のあるアレルギー物質に敏感な人が摂食する可能性があるのかを明確にしておくことは、的確なハザード分析を実施するうえで重要なポイントになります。

(4)［手順4］フローダイアグラム（製造加工工程一覧図）の作成
① フローダイアグラム作成 ISO22000：2018の8.5.1.5.1

ハザード分析を容易かつ正確に行うためには、まずハザード分析に先立って、製造加工工程の情報やデータを収集し、従事者から作業状況をよく聞く必要があります。そのうえで、原材料の受入れから最終製品の出荷にいたる一連の製造や加工の工程について、流れに沿って各工程の作業内容がわかるようなフローダイアグラムを作成します。

フローダイアグラムの作成のポイントは、次のようになります。

- 原材料の受入れから最終製品の出荷までの工程や作業を簡潔に列挙
- 列挙された原材料や工程を枠で囲み、枠を矢印で結び、工程順に番号をつける。原材料については、食品添加物、容器包装、使用水なども書き入れ、これらは同列に枠囲みで記載し、使用する工程まで矢印を結ぶ

図表7-12　冷凍クリームコロッケのフローダイアグラム（製造工程図）の例

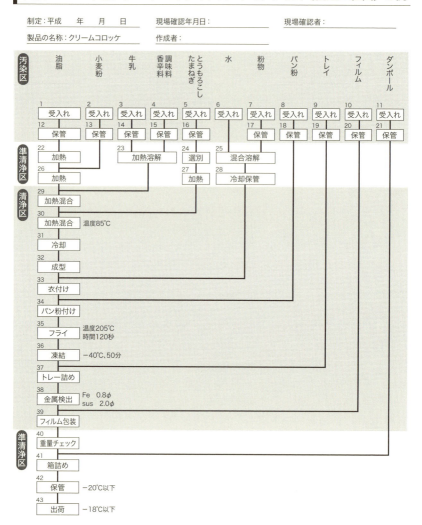

- 危害の発生防止に関連する作業上の指標：パラメータ（殺菌温度、冷却温度、滞留する最大時間やそのときの温度、pHなど）を記載

　それでは、多くの加工工程を持つ工場では、どのように作成して

いくのでしょうか。たとえば、製品によっては1製造ライン上で工程がある場合、ない場合があります。この工程を最大公約数にして、すべてのフローダイアグラムに組み込みます。その上で、工程がある場合とない場合を別の一覧で整理する方法があります（**図表7-12**）。

工程が複雑あっても、製品単位でその工程の採用を整理すれば、多くのフローダイアグラム作成は回避できるでしょう。また、スペースがあれば、それらを並列に置くことでもよいでしょう。

次に、製品が多い場合には、工程をブロック単位に区分して繋ぐ方法もあります。

- 前処理工程は3種類（たとえば、常温処理、冷蔵処理、冷凍処理）
- 加熱工程は4種類（たとえば、煮る、焼く、揚げる、蒸す）
- 充填工程は2種類（たとえば、袋詰め、缶詰）
- 包装工程は2種類（たとえば、段ボール詰め、PPコンテナ）
- 検査工程は2種類（たとえば、金属探知工程、X線異物検査工程）

このような工程をさまざまなケースに分けられる場合です。これをマトリックスにまとめると明確になります（**図表7-13**）。

図表7-13　工程のマトリックス分類例

前処理工程	常温処理	冷蔵処理	冷凍処理

加熱工程	煮る	焼く	揚げる	蒸す

充填工程	袋詰め	缶詰

包装工程	段ボール詰め	PPコンテナ

検査工程	金属探知工程	X線異物検査工程

次に、各工程のフローダイアグラムを作成してハザード分析につなげることになります。あとは、この組合わせで全製品をカバーします。

第7章　構築（4）　HACCPツールによる自己診断と整理方法

② 施設の図面（施設内見取り図）ISO22000：2018の8.5.1.5.3

　正確なハザード分析は、原料の動きだけではなかなかできません。施設の図面を利用して、人の動きや空気の流れ、廃棄物の動きなどから、影響を及ぼすことを拾い上げていくことが必要です。その際には、施設の図面や標準作業手順書を作成しておくことで、ハザード分析の助けになります。さらに、施設内の現状でのすべての施設設備と付帯施設の平面的な配置、食品や資材などと作業員の動き、空気の流れがわかるような施設の図面を作成します。

　合わせて、施設の各区域を汚染レベルにしたがって、たとえば清浄区域、準清浄区域、一般区域などというようにゾーニング図で区分けします。それらによって、病原菌や毒性化学物質などの危害要因が、どのような経路で、どこの工程で汚染（二次汚染と交差汚染）している可能性があるのか、さらには虫や異物の混入のルートなどがわかります（**図表7-14**）。

　ただし、このような汚染レベルによる区分けについては、理想的な姿でなければハザード分析は始められないというわけではありません。あくまで、現状で汚染する可能性の高い個所を見つけ、そのための重点的な監視と対策のしかたを講じるための、基礎的な情報を得るためであることを理解してください。そして、こうした初期の検討やハザード分析を実施後に見直します。そこで、ハード面で対処するほうが合理的でトータルなコストも安いということになれば、施設設備を改造、増改築、あるいは新築することも選択肢の1つとなります。

③ 標準作業手順書の作成　ISO22000：2018の8.5.1.5.3

　工程ごとに作業の担当者や部署、作業手順（内容）、使用する機械器具の名称および仕様、使用する原材料、添加物および包装資材、作業の所要時間（培養・保留・保温・停滞時間を含む）などを記載した標準作業手順を作成してあることを確認してください。これは、のちにハザード分析で明確になったハザードを管理していく具体的方法（管理手段）に直結します。ここが明確になっていないと、絵に描い

図表7-14　施設の図面と動線図の例

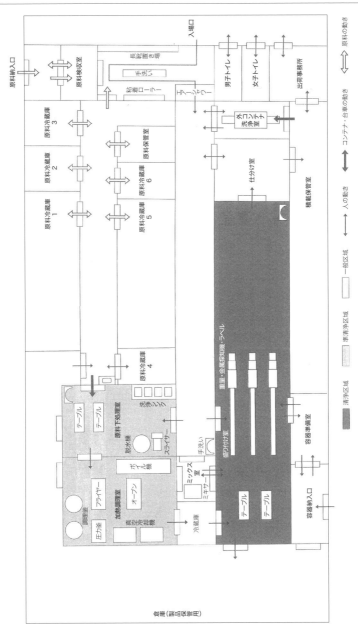

第 7 章　構築（4）　HACCP ツールによる自己診断と整理方法

たモチのようなハザード分析になってしまいます。

図表7-15　標準作業手順書の前提となるコーデックスの「食品衛生の一般原則」

管理分野	内容	
環境の衛生管理	**1. 施設の設計および設備の条件** 1) 施設の立地および装置の設備 2) 施設内部のデザイン、配置および構造 3) 食品と接触する装置デザイン、配置、構造 4) 給水・排水設備とその処理 5) 温度管理、空調および換気 6) 照明 7) 貯蔵設備 8) トイレなどの衛生設備	**2. 施設の保守および衛生管理** 1) 保守管理：手順および方法 2) 洗浄・消毒プログラム 3) 鼠族・昆虫の管理システム 4) 廃棄物の処理 5) 効果的なモニタリング
食品の衛生管理	**3. 一次生産（原材料）** 1) 生産環境とそこでの衛生的な取扱い 2) 保管および輸送 3) 生産時の保守管理および人の衛生 **4. 食品の取扱い** 1) 危害要因の管理（衛生管理）：時間・温度、特定の製品加工、交差汚染 2) 搬入される生原材料の要件 3) 包装のデザインおよび材質 4) 使用水、氷、蒸気 5) 文書化および記録 6) 回収手順	**5. 食品の運搬** 1) 車両・容器の必要条件 2) 車両の保守管理 **6. 製品に関する情報および消費者の意識** 1) ロットの識別 2) 製品の情報 3) 表示 4) 消費者教育
従事者の衛生管理	**7. 従事者の衛生** 1) 健康状態・外傷 2) 清潔・手洗い 3) 品行（行動規範・基準） 4) 訪問者（外来者の衛生）	**8. 従事者の教育・訓練** 1) 衛生意識および責任感 2) 教育・訓練プログラム 3) 研修および管理（教育効果の確認） 4) 再教育・訓練

(5)［手順5］フローダイアグラムを現場において確認
ISO22000：2018の8.5.1.5.2

食品安全（HACCP）チームのメンバーで操業中の施設を巡回し、詳しく観察して、手順4で作成した書類に示されている内容（工程、工程の順序、作業手順の内容、作業手順の種類、人やモノの動線、機器の配置、空気の流れ、清浄区域の配置など）が現場を正しく反映したものかを確認します。

実際の状況と相違点があれば，それら書類の修正を行います。この作業は、ハザード分析を正確に行うために非常に重要なことです。

現場の観察をしてみると、間違った記載をしているケースが非常に多くあります。これをそのままにしてハザード分析を進めてしまうと、正確なHACCPにはなりません。ここは正確さが求められます。

次の**図表7-16**に、フローダイアグラムの現場確認のチェックポイントを示します。現場での確認の際、各工程において次の工程が存在するかどうかを確認し、チェックリストに記録することが重要です。とくに、これらの工程の把握はハザード分析を行う上でもっとも重要です。

図表7-16　チェックリストの例

□ フローダイアグラムに記載があるパラメータ値（温度、最大滞留時間、能力）と製造工程基準書に相違点がないか

□ 原料、製品、包材の構内移送と保管中の表示（最大滞留時間と温度・湿度）
□ 運搬工程、保管工程を明確にしているか
□ 仕掛かり品の有無について示しているか
□ 戻し工程を示しているか
ユーティリティに関係する事項
□ 水、熱水、空気、圧縮エア、蒸気を使用している個所が欠落していないか
□ 途中にフィルターなどの工程を記載しているか。その場合の仕様は正確か
□ 軟水装置など水処理工程を反映させているか
□ 地下水の処理工程は明確にしているか

第 7 章 構築（4） HACCP ツールによる自己診断と整理方法

☐ 化学的ハザードの把握に重要となる添加物投入工程を明確にしているか
　・次亜塩素酸ナトリウム（殺菌、洗浄剤）、アルコールやオゾンなど殺菌剤投入工程
　・製造助剤（酸、苛性ソーダなど）投入工程
　・CIP工程、消泡剤、塩など薬品等投入工程

☐ 加熱装置に関係するものがあるか、ホールディングチューブ、循環、冷却工程のループが正確になっているか
☐ 直接的に配管を暖め、或いは冷却している工程を示しているか
☐ 間接的に配管を暖め、或いは冷却している工程を示しているか
☐ 加熱、冷却水の行先を明確に示しているか

☐ 工程の洗浄が実施されているフローダイアグラムは、存在しているか
☐ アレルギー洗浄の場合は洗浄手順の確認をしているか
☐ 使用水、再利用水が使われる工程があるか
☐ タンク類への貯液工程があるか

☐ 廃棄物に関すること、廃棄物からの飛散が製品に及ぼす可能性について示しているか
☐ 植物性、動物性の危害原因物質を示しているか
☐ 工程から廃棄物が出る工程、廃棄物保管工程を示しているか

☐ 検査はサンプリングか全数対象かを明確に区分しているか
☐ サンプリング工程は、ラインに戻すことになっているか
☐ 工程逸脱品保管工程は、明確になっているか

☐ スクリーンメッシュおよびフィルター（空気用フィルターを含む）、マグネット、金属検知機、X線異物検知器などの位置が正確であるか
☐ その工程で排斥された者の取扱いは、正確に示しているか

---

10 7つの基本原則の留意点と ISO22000：2018との関係

　図表7-17のように、コーデックスの7原則の中で2番目のCCPの決定については、ハザード管理プラン（HACCPプランまたはOPRPプラン）に置き換えます。また5番目は、改善処置の設定となっていますが、ISO22000：2018では、この改善措置を修正と是正処置に区

図表7-17　ISO22000：2018適用させたHACCPシステムの7原則

手順 6	ハザード（危害発生要因）の分析
手順 7	ハザード管理プラン（HACCP/OPRPプラン）の決定
手順 8	許容限界/処置基準の設定
手順 9	モニタリング方法の設定
手順 10	修正・是正処置の設定
手順 11	検証手順の設定
手順 12	文書化及び記録保持手順の設定

別して進めるようにしています。

　HACCPシステムは、**図表7-17**に示す7つの基本原則から成り立っています。このシステムによる食品の衛生管理の実施にあたっては、これらの原則に則った実施計画の作成とその実施が必要とされています。

　HACCPシステムは、ハザードの分析とハザード管理プラン（HACCPプラン／OPRPプラン）を主体とする食品安全性確保のための管理システムですが、ハザード分析を実施した後に、HACCPプラン／OPRPプランを設定するだけで成り立つわけではありません。実際は、各HACCPプラン／OPRPプランについてハザードを除いたり、防いだり、減らしたりするために監視すべき事項を設定し、それが前もって設定しておいたCCPの許容限界（CL）またはOPRPの処置基準を超えないように的確にモニタリングすることが必要です。

　モニタリングとしては、短時間に正確な結果が得られ、連続的に監

視できる事項が理想的ですが、たとえば、pH、温度、時間、圧力、流量などの指標（パラメータ）があげられます。しかし、ISO22000では、その点に制限がありません。それが、OPRPと呼ばれています。

また、HACCPシステムには、モニタリングがCCPの許容限界（CL）またはOPRPの処置基準を超えた場合にとるべき修正や是正処置、このシステムにしたがった管理計画全体が効果的に機能しているかどうかの検証、およびこの計画にかかわるすべての記録のとり方とその保管方法も含まれています。

（1）7つの原則

ここでは、この7つの原則について簡単に触れて、とくに重要なハザード分析のハザードとは何かを説明します。

> **原則1** ハザード分析（HA；Hazard Analysis） ISO22000：2018の8.5.2
>
> ハザード分析は、それぞれの工程ごとに行わなければなりません。その目的は、HACCPプランを作成しようとする食品の原材料と工程について、起きるおそれのあるハザードの原因物質を特定し、リスト化するとともに、それらのハザードの発生要因と発生を防止するための防止措置を明らかにすることです。
>
> 食品衛生上のハザードとは、食品中の生物学的、化学的、物理的な因子により、飲食に起因して人の健康被害を起こすことです。列挙したハザードは、予防、排除または、許容範囲内にまで収めることができる性質のものでなければなりません。

工程ごとに、特性要因図などを使って検討するとよいでしょう。

図表7-18　特性要因図の枠組み

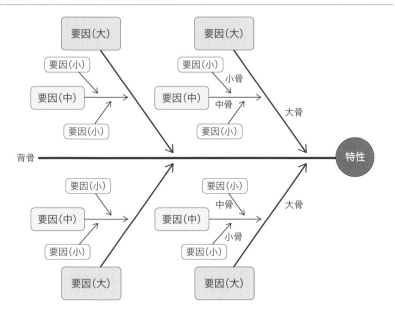

(2) ハザード分析（食品ハザードの特定〜管理手段選択）の具体的な手順

　ここでは、ハザードの分析方法について説明します。ハザード分析は、ISO22000：2018の規格での取扱いで進めます。

　ハザード分析とは、原則1のとおりですが、再度要約すると、次のようになります。

　ハザード分析は、ハザード管理プラン（HACCPプラン／OPRPプラン）作成の基本作業であり、製品に発生するおそれのあるすべての食品安全のハザードについて、当該ハザードの原因となる物質を明らかにしたうえで、それらの発生する要因および管理手段を明らかにすることです。

　具体的には、原材料およびその受入れから最終製品の出荷にいたる全工程について、フローダイアグラムに沿って作業工程ごとに、最終

製品を食べたときに発生する可能性のある食品安全ハザードを制御するための防止措置を記載した、ハザード分析リストを作成することです。

① ハザード分析（HA）の方法

ハザード分析を行うため、あらかじめ次のような情報、データを収集して解析します。これらの情報などについては、ハザード分析終了後も保存し、検証時の参考にします。

1）文献、書籍、事故例などによる疫学情報の収集

疫学雑誌、食中毒統計などの情報から、ハザード分析しようとしている原材料、中間製品、最終製品（類似製品を含む）に関する過去の食中毒、違反および苦情事例を収集し、その原因物質、ハザードの発生要因（汚染、混入、増殖、生残、残存、産生など）を整理します。

2）試験検査による整理

・原材料、施設設備などの汚染実態調査

原材料、中間製品および最終製品の汚染実態調査および施設設備の拭取り検査を行って、原材料などについて食品衛生上問題となるおそれのある種々の病原微生物の汚染実態を明らかにします。なお、加熱殺菌を受けた最終製品の場合は、個々の病原微生物の検査に代えて、大腸菌群などの指標菌を用いた検査も有効です。

空容器の汚染状況を把握しておくことが、これ以降の製造条件を左右します。

原料の検査と調合液の微生物検査結果は、この一連の検査データを工程ごとの汚染実態としてまとめておくことが、ハザード分析リストの生データにつながることになります。この検査は数回繰り返しておく必要があります。

ハザード分析リストに漏れがないかを検証するために重要な検査となります。

・保存試験

これは、恒温試験のことです。原材料、最終製品について、それらが置かれる環境条件下で保存することにより、ハザードの原因となる

物質の挙動を調べます。

- 微生物接種試験

この試験は、耐熱性試験が該当します。

微生物学的なハザードについては、あらかじめ最適発育条件、発育可能条件、死滅条件などのデータを得るために、ハザードの原因物質として考えられる病原微生物、または当該微生物よりも防止措置に対し抵抗性をもつ指標となる微生物を食品中に接種し、種々の環境条件下（高温、低温、低pH下など）での当該微生物の挙動を調査することです。

- 微生物挙動予測モデル（Predective Model）

ある条件下で、病原微生物がどのような挙動を示すかについて、コンピュータに蓄積されているデータから得られた数値を用いて予測するモデルのことです。

この場合、前述の接種試験をしなくてすむわけで、種々の環境条件下（高温、低温、低pH下など）での当該微生物の挙動（発育速度・死滅曲線）を予測することができます。

3）作業実態の調査

- 製造・加工条件の測定

製造または加工工程における温度／時間、pH、水分活性、塩分濃度の推移や工程での作業時間、工程間での作業停滞の有無など、ハザードの発生に重大な影響を及ぼすと思われる製造または加工条件を測定することです。

- 従事者からの聞取り調査

従事者の作業内容、ハザードの発生を防止するための措置の実施内容、ハザードの発生防止に関する知識などについて、従事者から聞取り調査を行うことです。

- 従事者の作業実態の目視確認

従事者による交差汚染の可能性、施設、機械器具の洗浄および殺菌方法とその効果について、作業現場で確認することです。

ここまででお膳立てができたので、実際にハザード分析リストの作成に入ります。

② ハザード分析リストの作成

ハザード分析リストは、食品の種類、製造工程、施設ごとに次の手順にしたがって、収集された食品衛生に関する知見、データを整理して解析することにより作成します。

作業1. 原材料に由来するハザードの原因物質の列挙

原材料・包装資材について、最終製品の摂取により発生するおそれのあるすべての潜在的なハザード（生物学的、化学的、物理的）の原因物質を列挙する

作業2. 製造工程に由来するハザードの原因物質の列挙

フローダイアグラム・施設の図面などから、各工程において発生するおそれのあるハザードの原因物質を明らかにし、その内容を列挙する

作業3. 危害の発生要因（ハザード）の特定

作業2までの作業により特定されたハザードの原因物質について、ハザードが発生するおそれのある工程ごとに、ハザードがどのような要因により発生するかを考察し、特定する

作業4. 管理手段の特定

作業3で特定したハザードの発生要因を参考にして、ハザードの原因物質およびハザードが発生するおそれのある工程ごとに、当該ハザードの発生を管理する方法（管理手段）を特定する

管理手段は、ハザードの原因となる物質の発生予防、排除、許容されるレベル以下に収めるなどの操作・行動であり、これらの制御のための方法や条件はできるだけ具体的に示す必要があります。また、これらの管理手段には、食品を製造している製造工程そのものの管理（加熱殺菌温度・時間）と、食品を製造している環境の整備（施設設備、機械器具の保守点検、洗浄殺菌など）のHACCPの前提になるPRPによる処置が多くあります。

> **作業5. 列挙されたハザードの評価**
> 　作業1および2により列挙された潜在的なハザードについて、収集された疫学情報、製造現場における作業実態調査結果などを参考に、発生頻度や発生した場合の重篤性を考慮してハザードの評価を行う
> 　この場合、発生頻度や発生した場合の重篤性の2つの要因から、両要因とも高いもの、いずれか一方が高く一方が低いもの、両要因とも低いものの3段階に分けて評価する方法もある。この具体的な評価方法は、ISO22000では規定していない

　HACCPシステムによる衛生管理では、この危険度評価がきわめて重要です。一般的には発生頻度が高く重篤性の高い危害が対象と考えられますが、その他のハザードについても、重篤性がきわめて高いもの、重篤性が低くても発生頻度がきわめて高いものなど、とくに考慮しなければならないハザードについては、できるだけ制御の対象と考慮する必要があります。

第 7 章　構築（4）　HACCP ツールによる自己診断と整理方法

> **作業6.　管理手段の選択＝ハザード管理プラン（HACCPプラン／OPRPプラン）の決定**
>
> 　作業1～5により特定された重要な食品安全ハザードに対して、予防または低減することで最終製品の許容水準にすることが可能となる管理手段あるいは管理手段の組み合わせを決める

（3）ハザード分析リストの書き方

　具体的に、ハザード分析リストの記載は**図表7-19**のとおりです。

　ここで重要なのは、最終製品の安全を確保するために各工程で実施している管理内容（管理手段）とハザードの内容に整合が取れていることです。また、ハザードの評価によって重要な食品安全ハザードが決定します。

　その重要な食品安全ハザードは、管理手段の決定に進めます。それ以外は、PRPで管理します。

図表7-19　ハザード分析リスト記載の例

工程や原料	ハザードの明確化		ハザード（危害発生要因）	管理手段	ハザードの評価			重要な食品安全ハザード
	特性	原因物質	どのようになると		発生頻度	重大性	総合評価	

① 管理手段の選択

　管理手段の選択＝ハザード管理プラン（HACCPプラン／OPRPプラン）の決定は、ハザード分析をした結果から導き出された、ハザードに対する管理手段を決定する方法として、まず次の点から検討します。

　ハザード分析の結果、明らかにされたハザードの発生を防止するために、とくに重点的に管理すべき工程をハザード管理プランとして定めます。これはISO22000：2018の特徴です。

　HACCPシステムによる衛生管理は、原材料から最終製品流通・消費にいたる食品の流れのなかで存在する危害因子を、管理可能な工程で積極的に制御することに特徴があります。したがって、CCPは、工程においてあらかじめ設定したモニタリング方法で連続的または相当な頻度で監視（確認）し、その指標（パラメータ）が許容水準を逸脱した場合には、短時間のうちに修正を講じることによって危害発生のコントロールが可能な工程とします。

　したがって、製造工程そのもののコントロールではなく、製造環境の整備、洗浄、保守点検にかかわる事項、製造環境からのハザードの原因物質の汚染、混入を防止するための措置など、HACCP導入の前提となる前提条件プログラム（PRP）または一般的衛生管理プログラム（PP：Prerequisite Program）によって危害の発生因子を制御できる場合は、CCPの対象としません。

　ISO22000：2018の規格では、既に準備した事項をもとに、食品安全ハザードの特定をして記録することになっています。**図表7-19、20**を結合するとハザート分析リストが一覧管理できます。

第7章　構築（4）　HACCPツールによる自己診断と整理方法

図表7-20　管理手段の決定

管理手段の選択・分類				管理手段の決定結果	話し合われた内容（理由や根拠）
Q1	Q2	Q3	Q4	CCP／OPRP	

図表7-21　ハザード管理プランの質問表

質問	質問内容（各Qで複数の質問がある場合はandと考える）	Yesの場合	NOの場合
Q1	・管理手段はハザードを低減するために重要な位置か ・管理手段はハザードの除去のために特別に確立され、適用されているか ・管理手段が機能不全の場合、重大な結果を引き起こすか	Q4へ	Q2へ
Q2	・管理手段がもつ効果が大きいか ・他の管理手段との組み合わせで相乗効果が期待できるか	Q4へ	Q3へ
Q3	・管理手段の機能不全や重大な工程上の変動が起こりやすいか	Q4へ	ハザード管理プランではない
Q4	・管理手段は連続的にモニタリングでき、その結果により適切に即座に修正できるか ・許容限界を設定できるか	CCP	OPRP

> **【原則2】ハザード管理プラン（HACCPプラン／OPRPプラン）の決定ISO22000：2018の8.5.3**
>
> 重要なのは、食品安全ハザードについて、CCP／OPRPに特定することです。ハザード分析と評価において特定された食品の安全性上重要なハザードをとり、管理手段でコントロールするかを決定します。

ハザードを管理するうえで、管理プラン（HACCPプラン／OPRPプラン）の決定は不可欠です。

ハザード分析によりハザードを管理する重要とされた工程を管理プラン（HACCPプラン／OPRPプラン）にします。その決定方法例については、**図表7-21**の質問表にあります。

ここでは、どのような工程がCCPになるか、例を用いて説明します。

---

1. ハザードの発生を予防するCCPの例

- 病原菌により汚染された原材料や農薬・抗生物質の残留などのハザードは、原材料収受時のコントロールで予防できる（例：供給者から提出される試験成績書の確認）。化学的ハザード（添加物の過量使用）は、添加物の計量または添加段階のコントロールで予防できる
- 最終製品中の病原菌は、添加物の計量または添加段階のコントロールで予防できる（例：pHの調整・酸性化・保存料の添加）
- 病原菌の増殖は、冷却または冷蔵保管の工程での温度管理によってコントロールできる

第7章　構築（4）　HACCP ツールによる自己診断と整理方法

2.　ハザードの原因物質を排除するCCPの例
　　・病原菌は、加熱工程で死滅させることができる
　　・金属片は、金属探知機によって検出し、混入している製品を
　　　製造ラインから排除させることができる
　　・寄生虫は、適切な温度と期間の冷凍で死滅させることができる

3.　ハザードを許容水準にまで低減させるCCPの例
　　・金属以外の異物は、原材料の成形段階での従事者による目視
　　　確認で、許容範囲にまで低下させることができる

　なお、製造工程に加熱殺菌のように病原菌にとって致死的な工程が存在しない場合、またはハザードを検出し、防止するための技術が確立されていない場合、食品衛生上のハザードを許容範囲にまで低下させる工程がCCPとなることもあります。

図表7-22　冷凍クリームコロッケのHACCPプランの例（CCP No.1）

CCP No.	No.1
工程No.	フライ工程35
危害の原因物質	病原微生物
危害要因の発生根拠（発生要因）	加熱工程の温度、時間管理不良
管理手段	温度測定（加熱温度と時間の管理）
許容限界	フライヤー温度○℃、通過時間○分
モニタリング方法	・温度計によるフライ油の温度測定と記録 ・頻度：フライ油温度の連続測定　記録○分ごと ・担当：成形担当者

220

修正と是正処置	・管理基準を逸脱した場合、フライヤーを調査し正常な加熱ができることを確認のうえ、加熱を再開する ・基準逸脱時に加熱された製品は、ロット区分して再検査し、製品規格からの逸脱が確認された製品は廃棄処分とする ・担当者：成形担当者（管理基準逸脱時の機器停止とライン管理者への連絡） ・ライン管理者（原因の調査、製品の品質確認と工場責任者への報告）
検証方法	・フライヤー温度記録の確認（毎日、ライン管理者） ・加熱後製品の中心温度の検査（毎日、ライン管理者） ・フライヤーの運転状況の記録確認（毎日、ライン管理者） ・最終製品の微生物検査（○回／週、品質管理担当者） 　検査項目（生菌数、大腸菌群、サルモネラ菌、黄色ブドウ球菌） ・温度計の校正（○回／年、品質管理担当者）
記録文書名と記録内容	・フライヤー温度：フライヤー記録（フライ油温度、通過時間、測定日時、担当者名） ・フライヤーの運転状況：成形日報（日時、作動状況、担当者、基準逸脱時の改善措置内容） ・最終製品の微生物検査：製品検査記録（製品名、規格、製造年月日、時間、検査結果、担当者名） ・温度計の校正：温度計の点検記録（ライン名、温度計の種類、確認日時、確認結果、担当者）

年　　月　　日　作成

図表7-23　冷凍クリームコロッケのHACCPプランの例（CCP No.2）

CCP No.	No.2
工程No.	金属検出工程38
危害の原因物質	金属異物
危害要因の発生根拠	工程の管理不良、金属検出機の作動不良により、原材料由来の金属異物あるいは各工程での機器の破損により混入した金属異物のチェックミス
管理手段	金属検出機による金属混入製品の除去
許容限界	金属検出機の感度　mmφ

第7章 構築（4） HACCPツールによる自己診断と整理方法

モニタリング方法	・正常に作動している金属検出機を全数通過していることを、目視で確認（I時間ごとに確認したことを記録） ・担当者：検品工程担当者
修正と是正処置	・作業開始時に金属検出機がテストピース入り製品を排除できないときは、設備係に連絡し機器を調整。調整後にスタートする ・I時間ごとおよび終了時に金属検出機がテストピース入りの製品を排除できないときは、前回モニタリングした以降の製品を保留し、設備係に連絡して機器を調整し、調整後、保留した製品を再通過させる ・再検品し、不合格品は廃棄する
検証方法	・テストピースを金属検出機の3ヵ所（左、中、右）に流して、正常に検出・排除することを確認する（生産開始時、開始後I時間ごおよび終了時、包装担当者） ・金属検出機の定期点検（○回／年、金属検出機メーカー）
記録文書名と記録内容	・金属検出機の作動状況：包装記録表（日時、ライン、製品名、検出感度、排出状況、担当者） ・金属検出機の排出品の記録：包装記録表（日時、ライン、製品名、排出内容、処分、担当者） ・金属検出機の定期点検：金属検出機メーカーによる点検結果（点検日、点検内容、異常の有無、調整内容、担当者）

年　　月　　日　作成

【原則3】許容限界（CL；Critical　Limit）または処置基準の設定
　　　　ISO22000：2018の8.5.4.2

　それぞれの特定されたHACCPプラン／OPRPプランについて、その予防措置のための限界値または処置を始める基準設定することです。

　許容限界は、それぞれのHACCPプランにおいて、ハザードを予防、排除、または許容範囲に収めるためにコントロールされなければならない工程の指標（パラメータ）の最大または最小値です。温度・時間・物理的な大きさ・湿度・水分活性・pH・塩分濃度・有効塩素濃度などの指標が一般的に使われます。

　処置基準は、それぞれのOPRPプランにおいて、同様にハザー

ドを予防、排除、または許容範囲に収めるためにコントロールされなければならない工程に該当しますが、測定可能だけでなく観察可能であれば設定できます。

　また、許容限界または処置基準は製造基準、科学的なデータ（文献、実験）に基づいて設定されるべきです。

では、許容限界（CL）の設定を例に説明します。

① 許容限界（CL）とは何か

許容限界とは、ハザードを管理するうえで許容できるか否かを区別するモニタリングパラメータの基準です。

② なぜ許容限界（CL）を設定する必要があるのか

許容限界（CL）は、明確にされたハザードがCCPにおいて適切に制御されているかどうかを判定するために設定されます。CCPが管理されているか、いないかを明確に判断するためには、すべてのCCPに対し許容限界（CL）を設定しなければなりません。

許容限界（CL）からの逸脱は、原料が製品の安全性に影響を与える可能性や製品が安全性を保証する条件下で製造されていないことを示唆しています。したがってこのことは、人の健康に対するハザードが存在（汚染、生残、残存）もしくはハザードに発展（混入、増殖、産生）してしまうことを意味します。

③ 許容限界（CL）設定の条件

ターゲットとなる微生物などのハザードの原因物質が確実に死滅、除去または許容水準にまで低減されていることを確認するうえで最適な指標が、科学的根拠で立証された数値でなければなりません。なぜならば、モニタリングにおいて許容限界（CL）に適合していると判断した場合、適切な管理が行われ、ハザードの原因物質は死滅、除去または許容範囲にまで低減されているとみなされ、出荷・流通させることができるからです。

このため、許容限界（CL）の設定根拠が誤っていた場合、適切で

なかった場合には、モニタリングでは管理状態が適切であると判断されても、実際はハザードの原因物質は、死滅、除去または許容範囲にまで低減されていないことになります。それは最終製品の採取によるハザードの発生原因となり得るからです。

パラメータとしては、可能な限りリアルタイムで判断できるものがベストです。たとえば、殺菌・除菌方法（加熱・濾過・紫外線・オゾン・超高圧など）によっても異なりますが、加熱殺菌では、温度、湿度、時間、色調、粘度および物性があげられます。また、紫外線殺菌では流速、温度、透過率、UVランプの消耗率、濾過除菌では濾過圧力、透過速度、循環流速、濾過温度などがあります。

許容水準に対し、許容幅が認められる場合と認められない場合とが考えれますが、許容範囲を設定するにあたっては、許容範囲内で製造したにもかかわらず、規格外製品が製造されてしまうことがないように十分注意することも忘れてはなりません。

【原則4】モニタリング方法の設定（Monitoring）ISO22000：2018の8.5.4.3

モニタリングとは、CCPが設定された許容限界（CL）の範囲内でコントロールされていることを確認するための観察、測定、検査です。連続的なモニタリングが望ましく、それが難しい場合には、CCPの管理状態が適切であることを保証できる十分な頻度で行うことが必要です。

それぞれのCCPにおいて、モニタリング担当者を指名することが重要です。その指名された従事者は、すべての結果を正確に記録できるように、必要な教育・訓練を受けます。

ここでは、許容限界のモニタリングについて説明します。許容限界かどうかをチェックするモニタリングは、すべての管理に使用できる概念です。

① モニタリングとは何か

CCP（重要管理点）における管理において、許容限界（CL）からの逸脱が起きたかどうかを監視することをモニタリングといいます。モニタリングによって、CCPが正しくコントロールされているかどうかを確認でき、同時に正確な記録をつけることができます。したがって、許容限界から逸脱した場合は、修正が必要となります。修正が必要とされる製品の範囲は、モニタリングの記録を見直すことにより特定できます。

また、モニタリングの記録によって、製品がHACCPプランにしたがって製造されていたことの確認ができます。この情報はHACCPプランの検証時に役立つものです。

モニタリングとは、CCPが正しくコントロールされていることを確認するとともに、のちに実施する検証時に使用できる正確な記録をつけるために、観察、測定または試験検査を行うことです。

② どのようにモニタリングを行うのか

モニタリングを行うには、次の条件を満たす必要があります。

危害が発生する要因に対する管理手段が、個々の製品に対し、漏れなくとられていることを確認できることが必要です。したがって、最初の1個から最後の1個まで、すべての製品が許容限界を満たしていることを監視できるように、連続的または相当の頻度で行わなければなりません。許容限界からの逸脱が起こったときに、できるだけ影響を最小限にし、かつ容易に修正を講じることができるような方法で行います。

しかし、測定した数値を連続的に記録するだけでは、危害要因をコントロールすることはできません。モニタリングに責任のある担当者が、十分な頻度でチェックする必要があります。したがって、HACCPプランを作成する際に、モニタリング担当者を定めておく必要があります。

モニタリングの記録を実際に行うには、次のような条件を満たす必

要があります。

- 連続的または相当の頻度であること
- 速やかに結果が得られる方法であること

モニタリング方法を決めるポイントとして、次のような点があげられます。

1) 何を（What）：CCPが許容限界（CL）の範囲で管理されていることを確認するために行う観察、測定
2) どのように（How）：迅速で正確な物理的、化学的な測定
3) 頻度（When）：連続的または相当の頻度
4) だれが（Who）：モニタリング方法について教育・訓練を受けた従事者

③ モニタリングの具体例と記載事項

モニタリングの例としては、次のようなものがあります。

1) 原材料に由来する危害発生の要因を防止するためのモニタリング

- 検査成績書の確認（たとえば、カビ毒の一種であるアフラトキシン含有の有無）
- 漁獲海域の証明書の確認（たとえば、貝毒の有無）

2) 危害要因を排除するためのモニタリング

- オーブンのラインスピードと温度の測定
- 加熱殺菌機のチャートの確認
- すべての製品が適切な金属探知機を通過していることの確認

3) 病原菌の増殖をコントロールするためのモニタリング

- 冷蔵庫内の温度測定
- 原材料のpH測定

4) 危害要因を許容水準まで低減させるための

- 選別作業（硬質異物）の適切性の観察

モニタリングの記録に記載する事項は、次のようになります。

- 記録した日時
- 製品の名称、記号（ロット名）

図表7-24 モニタリングの記録例

加熱殺菌機運転記録表

日付：＿＿＿＿＿＿＿＿＿＿＿＿＿＿　　　　　　　　○○社　△△工場
ライン名：＿＿＿＿＿＿＿＿＿＿＿
製品名：＿＿＿＿＿＿＿＿＿＿＿＿
許容限界値：＿＿＿＿＿＿＿＿＿＿
操作者名：＿＿＿＿＿＿＿＿＿＿＿

ライン番号	ロット番号	時刻	殺菌温度 (℃)	自記温度記録計 (℃)	加熱時間 (分)	管理基準適合	コメント
		：〜：				合格	
		：〜：					
		：〜：					
		：〜：					
		：〜：					
		：〜：					
		：〜：					

温度は作業中、1時間ごとに測定すること。

記録点検者名：＿＿＿＿＿＿＿＿＿　日付＿＿＿＿＿＿＿＿＿

許容限界値を下回ったときは、シフト管理者に報告し、関係したロットを特定して隔離して確認すること。

- 実際の測定、観察、検査結果
- 許容限界（CL）
- 測定、観察、検査者のサインまたはイニシャル
- 記録の点検者のサインまたはイニシャル

　要するに、年月日、開始時刻、開始温度、終了時刻、温度記録、サインが必要です。

第7章 構築（4） HACCPツールによる自己診断と整理方法

> **【原則5】修正・是正処置の設定ISO22000：2018の8.9.2／ 8.9.3**
>
> 　HACCPプランには、モニタリング結果、あるCCPにおいて許容限界（CL）からの逸脱が明らかになった場合の修正と是正処置が含まれていなければなりません。
>
> 　HACCPプラン作成時には、問題発生を防止するために十分考慮しますが、このプランがあるからといって、問題が発生しないことを保証しているわけではありません。このため、許容限界（CL）からの逸脱時にとるべき行動計画を設定しておくことは、HACCPプランの重要な部分になります。
>
> 　この場合、修正は安全性が損なわれている可能性がある製品に対し食品衛生上必要な処置を行うとともに、是正処置は、逸脱の原因を特定したうえで排除し、工程の管理状態を元に戻すものでなければなりません。
>
> 　また、場合によっては、新たな許容限界（CL）またはCCPの追加設定など、HACCPシステムそのものの修正が必要になることもあります。

① 修正と是正処置とは何か

　モニタリングにより監視すべき指標・数値（モニタリング・パラメータ）が許容限界（CL）から逸脱した場合には、修正と是正処置をとる必要があります。

- 修正：不適合な状態を手直しして、元の正常な状態に戻すこと
- 是正措置：不適合の原因を調査特定して、再発防止の対策をすること

　危害要因の発生を防止するうえで、とくに厳重に管理すべき工程であるCCPでは、監視すべき指標・数値が許容限界から逸脱した場合にとるべき措置をあらかじめ定めておくことが大切です。

許容限界からの逸脱が起こった場合に、迅速・的確に対応する措置が修正です。HACCPシステムの特徴の1つは、許容限界からの逸脱を迅速に発見し、修正として、

　　1）影響を受けた製品を排除し、

　　2）工程の管理状態を元に戻す

ところにあります。したがって、HACCPプラン中には、工程の管理状態を元に戻すための措置と、影響を受けた製品の処分方法を決定し実施するための措置を規定しておかなければなりません。

② 修正としてHACCPプランに記載すべき事項

　許容限界（CL）を逸脱した間に製造された製品に対する措置として、用途を変更することも可能ですが、新たな危害要因を持ち込まないように注意します。また、検査結果に基づいて保留を解除する場合には、保留ロット全体が安全であることを保証するような、適切なサンプリング・プランにしたがった検査が必要です。

　修正としてHACCPプランに記載すべき事項は、次のとおりです。

1）工程の管理状態を元に戻すための処置

　機械の修理、調整、取替えなど、工程を正常の管理状態に戻す必要があります。

2）許容限界を逸脱した間に製造された製品に対する処置

　製品に対する措置として、次のような点が必要です。

- 基準に適合しない製品を識別・保留して評価する
- 再処理するか廃棄するかなどの処理方法を決める

3）改善措置の実施担当者

　実施担当者としては、CCP管理に関する十分な知識をもち、その工程をよく理解し、迅速な判断ができる製造現場の責任者が最適です。また、実施に関しては、十分な権限が与えられるべきです。

4）修正の実施記録

　実施記録には、次の事項を含めるようにします。

- 逸脱した内容、発生した製造工程または場所、発生日時

第7章 構築（4） HACCP ツールによる自己診断と整理方法

- 措置の対象となった製品の名称、ロット番号、数量など
- 逸脱の原因を調査した結果
- 工程を元の状態に戻すための措置内容
- 逸脱している間に製造された製品にする措置内容
- 以上の事項の実施および記録の担当者のサイン
- 改善措置内容の点検者のサインおよび点検の日付
- HACCP プランの見直しまたは改定作業が必要かどうかの評価

5) 修正と是正処置の具体的な事例

上記の考え方に沿って、具体例で確認してみましょう。

- 製品：小魚のフライ
- 工程：フライヤーによるフライ
- モニタリング：フライヤーにセットした温度計の表示を15分ごとに測定
- 逸脱内容：フライヤー中の油温が許容限界（CL）より低下
- 修正：ただちに魚の投入を中止し、フライヤー中の製品を回収する。さらに、15分前からそれまで製造した製品を識別して保留する。油温を再調整し、油温が許容限界から逸脱するかどうかを確認する。逸脱しない場合は作業を続行する。回収した半製品と15分間の保留した製品は、再加熱が可能かどうかを評価する。再加熱ができない場合、または用途変更できない場合は破棄する。この一連を記録に残しておく
- 是正処置：フライヤーの温度低下の原因を調査する
  ○ガス供給量と圧力を確認する
  ○制御系統に問題ないかを調査する
  ○セット値に問題ないかを調査する
  ○各調査結果に対する再発防止対策を講じる
  ○この対策で再発防止になっているか、効果の確認をする
  ○この内容について記録しておく

> **【原則6】 検証手順（Verification）の設定ISO22000：2018の8.8**
> 　HACCPシステムは、ハザードの発生防止のために正しく機能
> しているか、効果的に機能しているかを定期的に検証しなければ
> なりません。これには、実際に行われている管理方法がHACCP
> プランどおりか、食品の安全性確保の目標達成のために修正およ
> び検証が必要かどうかを決定するためのモニタリング以外の検
> 査・手続きが含まれます。

　食品安全（HACCP）チームは、ハザード管理プラン（HACCPプラン／OPRPプラン）の実施後も、定期的にハザード管理プランに決定した項目の全体の検証を行って見直しおよび更新を行い、さらにはHACCPシステム全体の見直しおよび更新をします。

　また、担当者は勝手に作業手順やモニタリング方法、修正・是正処置の内容などを変更してはなりません。問題があれば必ず責任者に報告し、食品安全（HACCP）チームの承認を得たうえで変更するようにします。そして、変更の事項、理由、年月日、責任者名は記録しておきます。可能であれば、第三者機関による定期的な外部検証を受けることが望ましいでしょう。

　ハザード管理プラン（HACCPプラン／OPRPプラン）の有効性を確認するには、検証方法を設定することが必要です。

① 検証

　検証とは、上記に示すように、HACCPシステムがハザード管理プラン（HACCPプラン／OPRPプラン）にしたがって実施されているかどうか、ハザード管理プランに修正が必要かどうかを判定するために行われる方法、手続き、試験検査をいいます。

　たとえ注意深く作成され、すべての必要な事項が記載されたハザード管理プランであったとしても、それだけでプランの有効性が保証されるわけではありません。検証は、ハザード管理プランにしたがって

実際に製造を行ったうえで、その有効性（期待したとおりか）を評価し、HACCPシステムが適切に機能していることを確認するための手段です。

ハザード管理プランは、最終製品の安全性や新しいハザードの情報をもとに改良を加えるなど、常に発展させることが望まれます。定期的な検証の結果から、既存のハザード管理プランの弱点を認識することにより、それを修正し、より優れたものにすることができます。また、企業経営者は検証によって不必要な管理や非効率な管理を避けることができます。

自主衛生管理では、施設関係者自らが検証を行わなければなりません。これを「内部検証」ともいいます。それに対し、当該施設関係者以外の者が第三者の立場で客観的にプラン全体について検証することを「外部検証」といいます。

なお、検証とモニタリングとは別のものであることを認識してください。モニタリングは、CCPの管理状態をチェックすることです。一方、検証は作成されたハザード管理プラン（HACCPプラン／OPRPプラン）にしたがって実施されているか、またHACCPプランそのものが有効かどうかを判断するためのものです。（**図表7-25**）

また、消費者からの苦情があった場合、ハザード管理プラン

図表7-25　モニタリングと検証

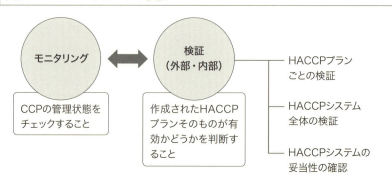

（HACCPプラン／OPRPプラン）やHACCPシステム全体にかかわりがあるかどうかを見直すことも忘れないようにしましょう。

② ハザード管理プラン（HACCPプラン／OPRPプラン）ごとの検証

ハザード管理プラン（HACCPプラン／OPRPプラン）の検証は、次の事項について行います。

- モニタリングに用いる測定装置（計器）の校正（キャリブレーション）
- 原材料、中間製品または最終製品の試験検査
- 製造・加工条件の測定
- ハザード管理プラン（HACCPプラン／OPRPプラン）のモニタリング記録、修正や是正処置の記録、検証記録の確認

③ 内部の検証作業としてハザード管理プラン（HACCPプラン／OPRPプラン）に規定すべき事項

検証計画に規定しておく事項は、内容、頻度、担当者、検証結果に基づく措置、検証結果の記録方法です。

図表7-26　HACCPプラン（またはOPRPプラン）の記載例

製品カテゴリー	製品カテゴリー名を記載する。製品名一覧表と関連づけること
CCP番号（またはO-PRP番号）	ハザード分析表・CCP決定表で決定されたCCP番号、O-PRP番号を記載する
ハザードの発生工程	特定されたCCPの発生工程（「ハザード分析・CCP決定表」発生工程に記載）を記載する
ハザードの原因物質	特定されたCCPの原因物質（「ハザード分析・CCP決定表」危害の原因物質に記載）を記載する
ハザードの発生原因	特定されたCCPの発生原因（「ハザード分析・CCP決定表」危害の発生原因に記載）を記載する。複数ある場合はすべてを記載すること

管理手段	特定されたCCPの発生防止措置（「ハザード分析・CCP決定表」管理方法に関する内容）を記載する。複数ある場合はすべてを記載すること
許容限界（CCP） 処置基準（OPRP）	CCP…許容限界（CL） O-PRP…処置基準
修正と是正処理	①不適合発生時のフロー　②モニタリングデータの確認　③製品区分け・対応手順　④根本原因の特定および点検手順　⑤復帰（再立上げ）手順　⑥不適合発生時の記録文書
検証方法	・モニタリングデータの確認 ・モニタリング機器の校正データの確認 ・ハザードレベルが許容水準であるかの確認（微生物検査、外観検査など） ・リリース検査の確認、工程検査結果の確認　など
妥当性確認方法	ライン立上げ時、設備更新時に事前（製造前）に確認した内容や過去の一定期間のモニタリングデータに基づく管理方法の有効性を確認した内容などを記載する
記録文書名	CCP、O-PRPの関連記録文書名を記載する

（注）O-PRP：オペレーショナルPRPの略。ハザードに対する管理手段の1つで、CCPと異なり明確な許容限界（CL）が決められていない場合。

【原則7】記録の維持管理（Rrcord keeping）ISO22000：2018の7.5.3

　全体のHACCPシステムを効果的に記録する方法、担当者、様式などが決められ、そのとおり行われていなければなりません。

　HACCPシステムを実施している間、継続的で、かつ信頼のおける記録が維持管理されていなければ、HACCPシステムは成り立ちません。

　また、それらの記録は、見直し時に使用できなければなりません。

　HACCPシステムによる工程管理を行う営業者や行政両方のメリットは、客観的でかつ適切な記録が得られる点です。

① 記録の目的を理解する

　正確な記録を保存することは、HACCPシステムのもっとも重要な特徴の1つです。工程管理がHACCPプランどおりに実施されたことの証拠は、記録のなかに存在します。記録に含まれる情報は、自主管理の貴重な証拠となるだけでなく、食品衛生監視員による監視時に、施設での衛生管理、工程管理の状態を証明するうえでの有効な資料となるものです。

　万が一、食品の安全性にかかわる問題が発生した場合でも、製造または衛生管理の状況をさかのぼって原因追求が容易になるとともに、製品の回収が必要な場合は、原材料、包装資材、最終製品などのロットを特定する際の助けともなります。現場の作業に合わせた記録方法によって記録し、保存することが大切です。

② 記録および保存文書の内容

1）HACCPプランと関連文書HACCPプランとそれに関連する文書として、次のようなものがあげられます。

- 食品安全（HACCP）チームの構成と役割分担
- 製品説明書
- フローダイアグラム（製造加工工程一覧図）
- 施設内見取り図
- 衛生標準作業手順書（SSOP：Sanitation Standard Operating Procedures）
- ハザード分析（リスト）結果およびリスト作成時に使用した資料など
- CCPの許容限界／OPRPの処置基準を決定時の議論の経過および根拠となった資料
- HACCPプラン／OPRPプラン
- 文書保存の社内ルール

2）衛生管理の実施関連記録

　HACCPプラン／OPRPプランの実施に関連する記録としては、次

のようなものがあげられます。

- モニタリング記録
- 修正・是正処置の実施記録
- 検証の記録
- 前提条件プログラムの実施状況の確認の記録

記録の例を以下に示します。

- 使用水管理記録（日時、担当者名、塩素濃度、異常の有無）
- 従事者の健康管理記録
- 従事者の衛生管理記録（手指洗浄）
- 鼠族・昆虫防除記録　など

(4) 原則の相互関係

　以上の7つの原則が、導入にあたって満たされていなければなりません。とくに原則1はもっとも重要で、HACCPシステムが効果的に実施されるには、ハザードの分析を的確に十分行うことが必須条件になります。

　ハザード分析を行う際に収集された情報・データと分析結果が基礎になって、原則2のハザード管理プランCCPの決定、原則3の許容限界／処置基準設定、原則5の修正や是正処置、原則6の検証手順が設定され、これらを総括したHACCPシステムの文書（マニュアル）が作成されます。また、原則4のモニタリング方法は、原則3の許容限界／処置基準が設定されれば、それに対応して設定されるものです。

　原則7の記録の維持管理も、HACCPシステム全体にかかわる重要な原則です。マニュアルという形で文書化されたHACCPシステムの実施に伴い、モニタリング、改善措置、検証などの記録がとられ、これらの点検により衛生管理状態の適否が評価できるのです。

　妥当性の確認とモニタリングと検証は、**図表7-27**のように実施するタイミングが違います。この使い分けを認識してください。

図表7-27　妥当性の確認、モニタリング、検証

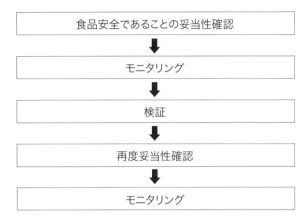

第 **8** 章

構築（5）
不具合品の取扱い方法

不具合品については、ハザード管理プラン（HACCPプラ
ンとOPRPプラン）に関する不具合品と、それ以外の不具
合品を区別して管理する必要があります。その対応の仕方に
ついて解説します。

ハザード管理プラン（HACCPプランとOPRPプラン）に関する不具合品の取扱い

　モニタリング中に、HACCPプランの許容限界から逸脱していることが判明したとき、またはOPRPプランの処置基準が守られなかったときは、次の対応をすることになります。

(1) 修正
- 文書化された手順に沿って不適合を確実に除去する
- 安全でない可能性がある製品がどのような状態であるかを確認する。また、出荷されていないかの確認を急ぐ
- 影響を受けた製品を特定し、安全でない可能性がある製品として取り扱う。また、不適合製品／プロセスについての不適合内容（性質）、原因、結果としての影響度合いについては記録する
- 管理されるべき基準内（許容限界／処置基準）に戻す
- 影響を受けた製品の識別及び評価を実施する
- 実行した修正内容をレビューする
- 責任者による承認と記録維持をする

(2) 是正処置
- 是正処置は、文書化した手順に沿った対応をする
- 顧客／消費者苦情や行政の監査報告書によって特定された不適合などを見直して、是正処置（再発防止）を必要に応じて実施する
- 許容限界、処置基準を含むモニタリング記録をレビューする。結果的に「不合格となる」、または「基準ギリギリで合格」という場合には、他の何と因果関係があるか（傾向）をレビューする。つまり、以前のデータから逸脱などの発生がなかったか、そ

の他の傾向を示すことがなかったかを確認する
- 原因の特定をする
- 再発防止の対策を決めて実行する
- これらの処置に関する記録を維持しておく
- 取られた処置が有効か検証する

(3) 製品のリリース対応

　モニタリング記録を点検しているとき、検査などの検証をしているときに、許容限界からの逸脱などを発見した場合の対応は、上記と同じ対応をします。ただし、モニタリング時より後の段階なので、製品のリリース対応がとくに問題になります。

　場合によっては、回収などの処置になることも考慮しておく必要があります。

 ## 他の不具合品の種類と対応

　下記の場面で発生した不具合に対する社内での対応方法、または社外に対する連絡方法などは、明確な手順が整備してあるかを確認しておく必要があります。
- 原料に不具合が発生した場合、受入れ時には発見できず、既に使用してしまった場合の製品に対する取扱いをどうするか
- 製造工程での不具合が発生した場合、これにはさまざまなケースが存在する
- 製品検査で判明した基準値から外れた不適合製品が発生した場合の取扱いをどうするか
- 保存サンプルに異常が発見された場合の対応をどうするか
- 顧客からの苦情が発生した場合の対応をどうするか

第 **9** 章

構築（6）
検証方法の確認

運用の後には、必ず検証があります。検証活動には、
HACCPシステム全体の検証、妥当性の確認があり、検証
計画を規定して進めます。また、検証に用いる試験検査法、
検体の採取方法についても解説します。

第9章　構築（6）　検証方法の確認

検証活動の計画（目的、方法、頻度、責任）を規定する

検証活動の計画を規定する対象は下記のとおりです（図表9-1）。
- PRPの実施状況と効果が出ているか
- ハザード管理プラン（HACCPプラン／OPRPプラン）の実施と効果が出ているか
- ハザード水準が許容水準内にあるか
- ハザード分析へのインプットが継続的に更新されているか
- 組織が要求するその他の手順の実施と効果

ここで実施状況を確認して点検、効果を確認することは、検証と捉えると何をすべきかがわかりやすくなります。ここでは、検証の意味を理解しましょう（図表9-2参照）。つまり、期待した効果が得られているかが検証の主目的です。

結果の記録が必要ですから、自社での分析と評価がやりやすいように工夫するといいでしょう。

以上の計画をマトリックスにした上で結果を記載すると一覧で一目瞭然になります（図表9-4）。

図表9-1　何を運用して、どのように検証するか

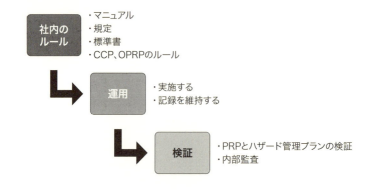

図表9-2　日常の点検と検証は別物

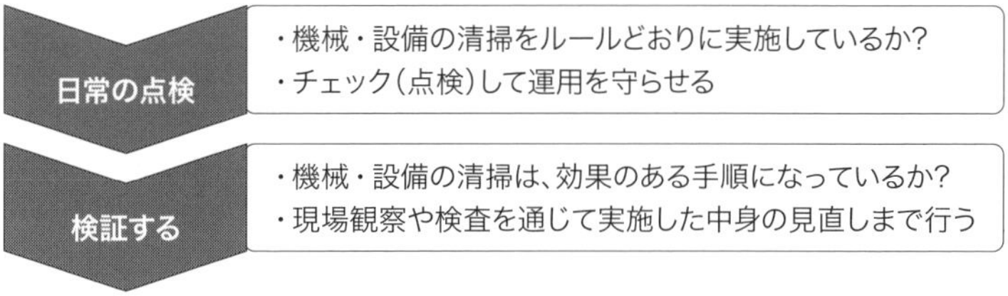

日常の点検
・機械・設備の清掃をルールどおりに実施しているか?
・チェック(点検)して運用を守らせる

検証する
・機械・設備の清掃は、効果のある手順になっているか?
・現場観察や検査を通じて実施した中身の見直しまで行う

図表9-3　ルール見直しの要素

点検　効果による
ルールの見
直しの要素　検証

2 HACCPシステム全体の検証

　HACCPシステムの検証は、必要に応じて、または定期的に実施します。検証の結果は記録し、点検されなければなりません。

　消費者からの苦情や回収原因の解析には、消費者からのあらゆるクレームについて、ハザード管理プラン(HACCPプラン/OPRPプラン)の運用に関係するものか、またはいままで明らかでなかったハザード管理プランが顕在化したものであるかどうかを見直す必要があります。

　モニタリング作業の適正度の現場確認では、モニタリングの方法は適切か、モニタリングの結果は、そのときその場で記録されている

第9章　構築（6）　検証方法の確認

か、実際の時刻が記録されているか、担当者のサインまたは署名があるかを確認します。

なお、最終製品の試験検査は、ハザード管理プランだけでなく、PRPを含む衛生管理システム全体の検証の意味も含まれます。

図表9-4　8.8 PRPs及びハザード管理プランに関する検証計画

	検証目的	日常の点検の対象記録と頻度	点検の責任部署	検証する責任部署	具体的な検証方法	検証の頻度	検証結果の記録
PRPの実施							
ハザード管理プラン							
ハザード水準の確認							
ハザード分析の更新							
社内ルール							

図表9-5　検証計画にしたがった運用の見直し

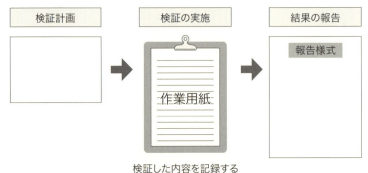

3 HACCPシステムの妥当性の確認

　ハザード分析およびハザード管理プラン（HACCPプラン／OPRP
プラン）の各部分の裏づけとなっている理論的根拠を確認する必要が
あります。

- 消費者からの苦情または回収の原因分析
- モニタリング作業の適正度の現場確認
- 最終製品の試験検査

そして、次のようなときに、システムの妥当性を確認する必要があ
ります。

- 最初に、および最低1年に1回確認
- 少なくとも次の変更があったとき
  - □ 原材料の変更
  - □ 製造工程またはシステム（コンピュータとそのソフトを含む）
     の変更
  - □ 包装の変更
  - □ 最終製品の配送システムの変更
  - □ 最終製品の意図した使用または意図した消費者の変更
- 検証の結果、ハザード管理プラン（HACCPプラン／OPRPプラ
  ン）の欠陥またはその可能性が示唆されたとき
- 同一の食品または同一の食品群において、新たな危害発生要因
  が判明したとき
- 製品の安全性に関する新たな情報が得られたとき

検証に用いる試験検査法、検体の採取方法

　製品の安全性を保証するために、CCPと許容限界（CL）が適切に設定され、管理されているかどうかを評価・確認することが含まれます。

　検証のための試験検査は、妥当性のある方法でなければなりません。目視や官能的指標による確認も検証の手段として用いることができますが、この場合も文書化した手順や、写真や見本による客観的基準を設定しておく必要があります。

　生菌数、大腸菌群、大腸菌、黄色ブドウ球菌、サルモネラ菌などの微生物の試験法や食品添加物の定量法は、公定法（厚生労働省が定めた食品衛生法に基づいた検査方法）がある場合はそれを用います。公定法がない場合は、「食品衛生検査指針」（公定法のほか、それに準じる標準試験法をとりまとめたもの）などに基づいて行います。より迅速な方法を用いることもできますが、その場合は前もって標準法と比較して、妥当性を確認しておくことが必要です。

　また、微生物検査で培養に用いる恒温器、培地の調製に用いる天秤、pHメーターなどの計測器は、日常点検と定期的な校正が必要です。恒温器の内部温度を測定する温度計は、定期的に標準温度計を用いて校正します。また、天秤の日常点検に用いる分銅は、定期的に標準分銅で校正します。さらに、pHメーターは使用のつど標準緩衝液で校正します。試験検査は外部の検査機関に依頼することもできます。

　なお、検体の採取方法も、原則として「食品衛生検査指針」などに準じるものとします。

　参考までに、米国の食品微生物基準諮問委員会では、次の4点が検証に含まれていることとしています。

- CCPおよび許容限界（CL）が適切で、コントロールに十分であることの科学的・技術的な検証
- 全体のHACCPシステムが適切に機能していることを、プラン作成時およびその後も継続的に確認すること
- HACCPシステムの定期的な見直しをすること
- 行政が、営業者のHACCPシステムが適切に機能していることを確認すること

第**10**章

構築（7）
新たな対応手順

そもそも、マネジメントシステムとは企業が事業展開するためのツールです。PDCAを回し、結果的に改善につながるような継続的プロセスであることが期待されます。そのための基本となる考え方について解説します。

第10章　構築（7）新たな対応手順

会社を取り巻く内外の状況のとらえ方

　もともとマネジメントシステムは、経営者の事業を展開するためのツールです。どのように会社を運営していくかの「道しるべ」となります。

　そこで、「食品安全」に関するマネジメントシステムの要求事項を定めたものが、「食品安全マネジメントシステム」といわれています。その国際的な標準の規格がISO22000：2018なのです。

　組織が食品安全マネジメントシステム構築のために行わなければならないことは、次のとおりです。

- 食品安全に関する組織の、現在の状況を確認する
- 何を達成しなければならないかについて計画する
- その計画を実施・運用する
- 計画に照らし合わせてパフォーマンスを測定する
- 結果をふまえて（望ましい、または必要な場合は）処置を講じる

　最後の「講じる処置」には、計画の変更が含まれる場合があります。つまり、結果的に改善につながるような継続的プロセスであることが期待されます。

(1) 箇条と要求事項

　図表10-1に示した4.1の「組織及びその状況の理解」とは、何を示しているのでしょうか。

　組織の状況としての例は、

- 世界的な気候の変動で、特定の原料が不作である
- 売り手市場になっていて、人員が簡単に確保できない
- 消費者の嗜好が包材の多様化につながっており、OEM先からもこれを強く要求される

- 売れ筋の製品は季節変動が大きく、安定した生産体制が構築できない
- 利益率を確保するために稼働率を高く設定している

などがあります。

たとえば、「販売する商品カテゴリーが季節で偏っていることから、夏季・冬季で生産する数量が大きく違う」などが、状況そのものを示しています。

同じく**図表10-1**の6.1「リスクと機会への取組み」について同様の事例で考えてみると、好ましくない要因または状態（リスク）として、

- 特定の原料が市場から品薄になる
- 期間が限定されていることから、派遣会社の対応が難しく、人員が確保できない
- 繁忙期が限定されていることから、利益率を確保するために稼働率を高く設定している
- 利益が少なく、設備投資や修繕費の確保が難しい

などがあげられます。

これらの要因に対して、意図した成果を達成するために影響があるのかを評価した結果、取り組むリスクとして特定しました。その上で、「原料の安定した供給体制」や「従業員への教育・訓練」などを短期間にできるような体制で、「工程内トラブルや顧客からの苦情発生件数が少なく安定した品質を保証」し、「利益確保ができる体制を構築する」ことにしました。

その結果、好ましい要因または状態（機会）として、

- 設備の整備や従業員への教育・訓練などを、スムーズに実施できる
- 工程内トラブルや顧客からの苦情発生件数が少なく、安定した品質を保証できる体制になっている
- これらの要因は、意図した成果を達成するのに影響があるのかを評価した結果、取り組む機会として特定した

などになります。

その上で、取り組む機会は、「設備の整備や従業員への教育訓練などをスムーズに実施することができるので、工程内トラブルや顧客からの苦情発生件数が少なく、安定した品質を保証できる体制を構築することにした」などになります。

2 課題設定及び目標の設定と計画策定について

　状況（context）と課題（issue）は、別次元でとらえるとよいでしょう。上記の事例に沿って、課題設定と目標設定及び計画を示します。
　そこで出てくる課題は、
- 原料の安定した供給体制 → 専門の組織により情報入手が必要
- 供給体制や従業員への教育・訓練などを短期間にできるような体制 → 作業手順の理解しやすさを進めて技能習得に必要な時間の確保
- 工程内トラブル削減 → 機械の保守、保全活動に十分な時間の確保
- 顧客からの苦情発生件数の低減 → 原因調査と再発防止対策の運用

などであり、これらの内容から目標と計画の策定をします。

3 構築すべき内容のボリュームを把握する

　今回の規格の中には、「決定しなければならない」「明確にしなければならない」という言い回しをしているところがあります。邦訳版では、2種類の用語が使用されていますが、使い分けのルールは不明です。そこで、原文で判断することをお勧めします。
　文書化情報を要求してはいないので、見落とされやすいのですが、

重要な事項ばかりなので、リストにしておきました（**図表10-1**）。

図表10-1　ISO22000：2018の条項と要求事項

条項	要求事項
4.1 組織及びその状況の理解	組織は、組織の目的に関連し、かつ、そのFSMSの意図した結果を達成する組織の能力に影響を与える、外部及び内部の課題を明確にしなければならない
4.2 利害関係者のニーズ及び期待の理解	組織が食品安全に関して適用される法令、規制及び顧客要求事項を満たす製品及びサービスを一貫して提供できる能力をもつことを確実にするために、組織は、次の事項を明確にしなければならない a) FSMSに密接に関連する利害関係者 b) FSMSに密接に関連する利害関係者の要求事項
4.3 食品安全マネジメントシステムの適用範囲の決定	組織は、FSMSの適用範囲を定めるために、その境界及び適用可能性を決定しなければならない
6.1.1 FSMSの計画の策定	組織は、4.1に規定する課題及び4.2並びに4.3に規定する要求事項を考慮し、次の事項のために取り組む必要があるリスク及び機会を決定しなければならない a) FSMSが、その意図した結果を達成できるという確信を与える b) 望ましい影響を増大する c) 望ましくない影響を防止又は低減する d) 継続的改善を達成する
6.2.2	組織は、FSMSの目標をどのように達成するかについて計画するとき、次の事項を決定しなければならない a) 実施事項 b) 必要な資源 c) 責任者 d) 実施事項の完了時期 e) 結果の評価方法
7 支援 7.1 資源 7.1.1 一般	組織は、FSMSの確立、実施、維持、更新及び継続的改善に必要な資源を明確にし、提供しなければならない

7.1.3 インフラストラクチャ	組織は、FSMSの要求事項に適合するために必要とされるインフラストラクチャの明確化し、確立と維持のための資源を提供しなければならない
7.1.4 作業環境	組織は、FSMSの要求事項に適合するために必要な作業環境の確立と維持のための資源を明確にし、提供し、維持しなければならない
7.2 力量	組織は、次の事項を行わなければならない a) 組織の食品安全パフォーマンス及びFSMSの有効性に影響を与える業務を、その管理下で行う外部提供者を含めた、人（又は人々）に必要な力量を決定する
7.4 コミュニケーション 7.4.1 一般	組織は、次の事項の決定を含む、FSMSに関連する内部及び外部のコミュニケーションを決定しなければならない a) コミュニケーションの内容 b) コミュニケーションの実施時期 c) コミュニケーションの対象者 d) コミュニケーションの方法 e) コミュニケーションを行う人
8.5.2.2 ハザードの特定及び許容水準の決定 8.5.5.5.3	組織は、特定された食品安全ハザードのそれぞれについて、最終製品における許容水準を可能なときはいつでも決定しなければならない
8.8 PRPs及びハザード管理プランに関する検証 8.8.1 検証	検証計画では、検証活動の目的、方法、頻度及び責任を明確にしなければならない
9.1 モニタリング、測定、分析及び評価 9.1.1 一般	組織は、次の事項を決定しなければならない a) モニタリング及び測定が必要な対象 b) 該当する場合には、必ず、妥当な結果を確実にするための、モニタリング、測定、分析及び評価の方法 c) モニタリング及び測定の実施時期 d) モニタリング及び測定の結果の、測定、分析及び評価の時期 e) モニタリング及び測定からの結果を分析及び評価しなければならない人

4 規格が要求している文書や記録との照合作業の方法を理解する

　この規格が要求している

● 維持が求められている文書化した情報（文書）

● 保持が求められている文書化した情報（記録）

の一覧は、54〜56ページに示したとおりです。

　最低限の不可欠な文書と記録ですから、組織にとって必要とされる文書や記録は、これ以上作成してもかまいません。ただし、注意しなければならないのは、あまり文書や記録を多くしてしまうと、マネジメントシステムを動かしていく人の負担になるということです。

　食品安全マネジメントシステムの性格を考えてみると、製品を取り扱うために不可欠なルールブックは社内に既にあるはずです。たとえば、製造工程で管理する基準は決まっています。

　そこで、最低限の不可欠な文書や記録は既にあるととらえて、システムのPDCAのスパイラルを回していくための文書、PDCAを回した結果を後に共有化して、社内のルールどおりであるかを示し、見直すために必要な記録を維持していくことが賢明です（**図表10-2**）。

　文書にしておくことの必要性を考えてみると、**図表10-3**のようになります。

　たとえば、社内の規則は文書に該当します。社内規則は、ときどき使い勝手や使用されている状況を点検してみます。また、その文書が正しく機能しているかも検証してみます。こうして、その結果を受けて、もう少し改良したらよいなどの改善点が見えてくるわけです。

　そのように捉えると、文書化（documentation）とは、「誰もが認識できるように見える化や再現できるようにしておくこと」になります。決して文章（sentence）を求めているわけではないということを認識してください。そこで、場合によっては、絵や図、または写真を

第10章

257

図表10-2　文書化した情報の読み方

規格にある「文書化した情報」は、最小限の文書化要求事項である

維持しなければならない

・活動／プロセスの実施方法に関連する場合は「**文書**」が必要

保持しなければならない

・活動／プロセスの証拠に関連する場合は「**記録**」が必要

組織は、追加の文書化した情報の必要性を自身で決定することができる

図表10-3　なぜ文書管理が必要なのか

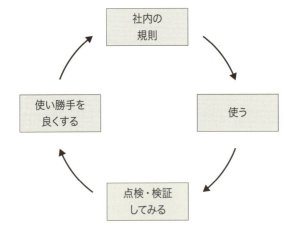

駆使して共有化できるものもあるということです。その結果、担当者の認識や実行する作業にバラツキがない標準化につながることになります（**図表10-4**）。

　また、しばらくして見直す場合の源にもなるので、共通認識の上で改善ができることになります。

最後に、大事なことは**図表10-5**のように「物事のルールには、いつ、誰が、どこで、何を、どこまで、どのように、という5W1Hの要素を決めておかなければならない」ということです。これが明確になっていないと、いつの間にか実行しなくなってしまうものです。また、実行しないことが普通になってしまいます。

　マネジメントシステムの基本である「社内のルールがいつの間にか形骸化してしまう」ことにもつながってしまいます。

図表10-4　文書化の目的

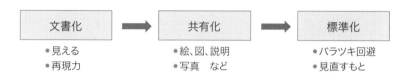

図表10-5　文書化の要素

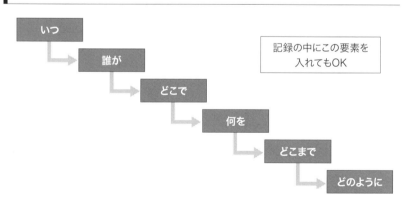

ISO22000文書の作成や改定

　文書体系については、使用する側で考えるべきです。
　通常、食品安全マネジメントシステムの社内計画書全体を示すものとして、食品安全マネジメントシステム・マニュアルを作成する場合が多いです。
　ここで、承認者はトップマネジメントとなります。この内容については、あまり細かい個所を入れると、あとあとのメンテナンスに苦労するケースが多くなります。
　そこで、文書体系を検討しておくと便利です。一般的な体系としまして、

- 一次文書：食品安全マネジメントシステム・マニュアル
- 二次文書：社内全体で使用している文書
- 三次文書：部署単位で使用している文書
- 四次文書：記録全般

とします。
　ここで重要なのは、実際に運用できるように作成することです。文書の体裁ばかりを考慮して、立派すぎる内容にしてはなりません。また、現場目線で考えるべきです。作成者と実施者にギャップが生じていると、マネジメントシステムはまったく機能しません。マネジメントシステムを「ファイリングされた文書の整備である」とカン違いしないことです。
　また、最初から100点満点のものを目指さないように配慮すべきです。運用後に不足部分に気付いて追加するのが当然で、これがPDCAのポリシーです。

第11章

運　用

前提条件プログラムとHACCPシステムの運用は、食品安全マネジメントシステムの心臓部ともいえます。運用するにあたっては、必要とされる期間ののちに、振返りを行います。実際に運用する際の留意点を解説します。

1 全体の運用開始と必要な期間

　PRPとHACCP原則についての運用は、最低でも3ヵ月は必要で、可能ならば6ヵ月程度運用した時点で振り返るのが理想的です。
　以下の点について、振返りを行ってください。
- PRP運用
- HACCPプラン／OPRPプランのモニタリング
- あらゆる不適合に対する是正処置
- 社内で整備した文書に沿った運用
- 記録の維持と保管
- トレーサビリティに必要な識別管理
- 求められている力量に対しての従業員教育・訓練
- 工程内不適合発生の原因調査と対策
- 原材料、包材の不適合処置と対策

2 個別の運用とその見極め

　運用状況を見極めるには、計画に沿って点検することが一番です。では、何を点検するべきかというと、次の2点に絞られます。
- PRP運用
- HACCPプラン／OPRPプランのモニタリング

　とくに、PRPの運用は組織の業種や規模によっての違いはありますが、既に述べたように広範囲のプログラムになります。この運用がしっかりできているかを点検することが重要です。もし、運用が不確実なものだと、HACCPシステム全体が機能しない可能性が高まりま

図表11-1　上手に実施して改善している事例

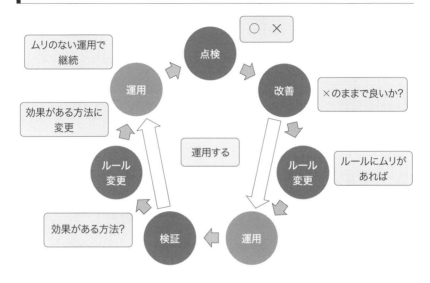

す。そこで、コツコツとこの運用の点検に時間を掛けるべきです。

　なお、不足しているとわかったら、計画に反映させて継続性を持つことです。決定した方法は、何が何でも実行することが原則です。もし、できていなかったときには、関係者がルールを変更すべきかなどを協議した上で、さらなる手順や方法を決定します。このルールを守ることは、譲ってはなりません。

　改善の進め方は**図表11-1**のようになります。

3　暫定的な運用と改良による決定方法

　まず「周知すること」がもっとも大切です。食品安全（HACCP）チームは、作成したプランを確実に実施するために、次のことを心掛けます。

第11章 運用

① 従業員に対する事前に必要な教育・訓練

従業員（パートタイマーを含む）に対する、事前に必要な教育・訓練などの基本的な食品衛生教育としては、次の点があげられます。

- 健康および安全に関する教育・訓練は、社内ルールを使用して周知させる
- 担当作業の手順および前提条件プログラム（一般的衛生管理プログラム）の実施手順は、現場で手順を示しながら理解してもらうことが理想

② 各部署、役職ごとの責任分担の周知

せっかく異常を発見したにもかかわらず、誰に報告すればよいのかわからないようでは意味がありません。役割・責任分担を明記した組織図を作成し、従業員が見やすいところに掲示しておくのもよい方法です。

③ 試行期間（暫定的な運用）

HACCPプラン／OPRPプランの実施にあたっては、従業員に慣れてもらうための試行期間を設けます。時間的、技術的にムリなモニタリングなどの作業を従業員に強いても、目的が達成できないばかりか、微生物汚染、異物混入などの逆効果が生じることもあります。

そのために、プランの作成時からできるだけ現場の意見を取り入れるようにすべきです。モニタリング、修正や是正処置などの内容は、できるだけ具体的に、かつ誤解のないよう指示します。

また、わからないことは、必ず上司または責任者に報告し、指示を仰ぐ習慣をつけておくことです。

修正・是正処置の実施担当者は、許容限界や処置基準を逸脱した場合に、安全性が保証できない製品について、決してあいまいな根拠のまま出荷、流通させてはなません。

修正・是正処置の内容は、その観点で記録しておかなければなりません。また、改善措置の内容は、上位の責任者によって点検されなければなりません。

一定の試行期間を経た後、食品安全（HACCP）チームでHACCPプラン／OPRPプランの妥当性を評価し、必要があればプランの内容を修正して、より確実に最終製品の安全性を保証できるものとします。その際、可能であれば、外部のHACCPの専門家の協力を得て検討するのもよいでしょう。

4 記録の目的と維持方法

① 記録と保存のしかた

記入時の注意事項としては、次のような点があげられます。

- 結果を記録すべき作業の終了前に、予測して記入しない
- 記入する時期を後回しにしたり、記憶によって記入したりしない
- 鉛筆などではなく、簡単に消せないボールペンなどを用いる
- 記入した記録を修正する場合は、修正液や消しゴムを用いず、2本線で消して新たに記入するとともに、その修正に責任をもつ者のサインをつける

② 記録の保存の方法および期間

文書化した情報の記録・保管ルールを決めていれば、そのルールに従います。

記録の保存方法や期間の注意点は、次のとおりです。

- 記録は製品の種類、特性などに応じた保存の期間（たとえば最低1年間、賞味期限が1年を超える場合は、賞味期限を超える必要な期間）を定める
- 保管は責任者を指定して、場所を決めて行う
- HACCPに関する文書も記録と同様に保管する
- HACCPに関する文書は、その内容に変更や修正など改定があった場合、改定年月日および実施した者を明記しておく必要がある

第11章 運用

運用の点検ポイント

前述のとおり、前提条件プログラムとHACCPシステムの運用は、食品安全マネジメントシステムの心臓部ともいえます。

- 前提条件プログラムとして社内で適用することを決めた事項について運用
- ハザード分析の中で管理手段として決めた事項
- HACCPプランのモニタリング
- OPRPプランのモニタリング
- 修正・是正処置の実行
- 検証活動
- 文書・記録の維持

では、点検する5W1Hは、どのようになっているでしょうか。**図表11-2**に、加熱殺菌工程がCCPになった場合の点検の事例を示します。

図表11-2　加熱殺菌工程の点検項目例

	項目	異常時の対処方法
いつ	殺菌工程単位 製造終了直後 出荷判定前	
誰が	殺菌担当者 ラインの責任者 課責任者	
何を	殺菌工程の記録	
目的	許容限界内の管理を確認する	
どこで	製造現場 事務所	
どのように	決められた頻度での殺菌温度 自記記録計（チャート）の温度 必要の場合は殺菌時間	

第**12**章

振返り

マネジメントシステム検証の対象は、食品安全に関して社内でPDCAを回していくエンジンの性能を判断することだと考えるとわかりやすいです。その内部監査の体制・計画立案・進め方について解説します。

第12章　振返り

マネジメントシステム検証結果の分析と評価の方法

　この段階の検証の対象は、食品安全に関して社内でPDCAを回していくエンジンの性能(マネジメントシステム)を判断することだと考えるとわかりやすいでしょう。

(1) HACCPシステムの検証結果の分析と評価

　そのもとになるのは、下記のモニタリングや測定からの適切なデータと情報です。

　「8.8.3　検証活動結果の分析」は、マネジメントシステムの達成度合いを評価するための状況を示すことになります。

- PRPs及びハザード管理プラン(8.8及び8.5.4参照)に関する検証活動の結果

　ここで、もう少し具体的な検証例を**図表12-1**に示します。

図表12-1　具体的な検証例

【食品安全に関わる社内不適合(O-PRP処置基準から、HACCPプランの許容限界からの逸脱)の発生状況製品】

【その他の製品不適合の発生状況】

【仕入れ品異常の状況】

【工場事故、作業ミス発生傾向】

【PRP検証の結果と傾向】

【HACCPプラン／OPRPプランの修正と是正処置の効果】

【顧客からの苦情に対する修正と是正処置の効果】

【工程管理条件からの逸脱に対する修正と是正処置の効果】

【仕入れ品異常に対する修正と是正処置の効果】

(2) マネジメントシステム全体の検証結果の分析

この規格では、「9.1.2　分析及び評価」がこれに該当します。

- 内部監査（9.2参照）の結果とその傾向
- 外部監査の結果とその傾向

これらを対象として分析することです。ムリに難しくせずに、素直に「なぜなぜ」を進めてください。

マネジメントシステムの全体的な達成度合いが、計画した取決め及

び組織が定めるFSMSの要求事項を満たしていることを確認することになります。

　言い換えると、PDCAを回していくエンジンの性能（マネジメントシステム）が期待したとおりの働きをしているかどうかです。ここで、何となくではダメです。最初に立てた目標がここに出てくるわけです。そのきっかけのために、次のように分析をすることになります。

- FSMSを更新または改善する必要があるか
- 安全でない可能性がある製品、または工程の逸脱のより高い発生率を示す傾向はどこにあるか
- 監査された業務プロセスの状態から、改善が必要な情報はどこを示しているか
- 修正及び是正処置が効果的であるか

それらの情報のまとめに必要なモニタリングや測定方法を決めておいた方がスムーズになります。規格では、「9.1.1　一般」になります。

- モニタリング及び測定が必要な対象：
- 該当する場合には、必ず妥当な結果を確実にするためのモニタリング、測定、分析及び評価の方法：
- モニタリング及び測定の実施時期：
- モニタリング及び測定の結果の測定、分析及び評価の時期：
- モニタリング及び測定からの結果を分析及び評価しなければならない人

---

2 ┃ 内部監査員と監査体制

内部監査のプロセスを示すと**図表12-2**になります。

内部監査の対象は、社内のしくみ（システム）であることです。つ

図表12-2　内部監査の概要

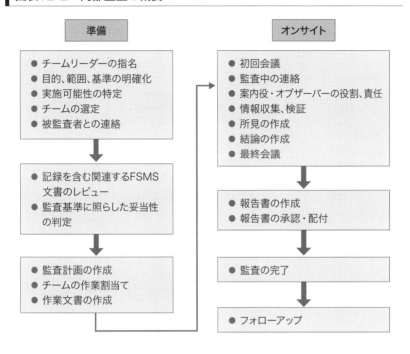

　まり、現場の5S活動の指摘事項をすることとは、次元を変えてみるべきものです。

　では、現場のそれらの活動はしなくてよいかというと、「箇条8.8 PRP及びハザード管理プランに関する検証の要求事項」に既にあります。自部門でPDCAを回す機会をきちんと実施しておくとすぐに直せる、さらに直せるなど、効率が良くなります。ここを重複することを繰り返し行っていくと、しくみ（システム）の監査の領域が薄くなっていくので、同じ傾向の不適合になったりするわけです。

　では、社内で内部監査を実施するときに必要な事項を示します。この規格9.2.2では、手順の文書化要求はなくなっていても、社内の手順は必然的に必要と判断した方がよいでしょう。

　ISO19011：2011「マネジメントシステムの監査に関する指針」に

詳細な説明があり、これがとても参考になります。内部監査を実施する人はよく読んで、監査の基本を学んでおきましょう。また、外部講習の受講も効果的です。（**図表12-3**参照）

以下に内部監査手順書の例を示します。

① 手順書作成の目的

当社のFSMSがISO22000：2018の規格要求事項に適合しているか、また当社のFSMS目的に対し適切であるか、食品安全マネジメントシステムが効果的に実施されているかを検証する方法を定める。

② 監査員の選任

監査員は監査責任者（食品安全チームリーダーでもよい）が下記に該当する者を選任する。

- ISO22000の内部または外部の監査員講習を受講した者
- 監査責任者が適切と認めた者（監査リーダーは不可）

③ 監査計画

監査責任者は年度の初めに内部監査の年間計画を作成する。

内部監査は毎年1回以上実施する。監査責任者が臨時の内部監査が必要と判断した場合は、監査員に臨時内部監査の実施を指示する。

原則として、内部監査は複数の内部監査員により実施する。ただし、内部監査員は自己の業務の監査は除く。

担当する内部監査員は、内部監査計画書を作成する。

④ 内部監査の実施

選任された内部監査員は、監査に先立ち内部監査チェックリストを作成し、内部監査を実施する。

内部監査の指摘事項は監査報告書に1件1葉にて明記し、被監査部門に対して改善（修正と是正処置）を要求する。

⑤ 報告書

内部監査員は上記①項の目的に示す観点から内部監査報告を作成し、監査責任者へ報告する。

監査責任者は内部監査員の報告を取りまとめ、マネジメントレ

ビューで経営者に報告する。

⑥ 記録維持

　監査責任者は、内部監査の記録を当社記録管理手順に従い維持管理する。

図表12-3　社内の内部監査ルールの整理

内部監査の目的	● 食品安全マネジメントシステムが ・個別製品の実現の計画に適合しているか ・この規格の要求事項に適合しているか ・組織が決めた品質マネジメントシステム要求事項に適合しているか ● 食品安全マネジメントシステムが効果的に実施され、維持されているか	
監査の実施頻度	● あらかじめ定めた間隔で	
監査の実施者	● 監査員の選定及び監査の実施においては、監査プロセスの客観性及び公平性を確実にしなければならない ● 監査員は、自らの仕事を監査してはならない	
監査計画の基本要件	● 監査の対象となるプロセス及び領域の状況及び重要性、並びに前回までの監査結果を考慮 ● 監査の基準、範囲、頻度及び方法を定義	
監査手順の確立	● 監査の計画・実施に関する責任及び要求事項、並びに結果報告・記録維持に関する責任及び要求事項を、文書化した手順の中で定義しなければならない ● 監査及びその結果の記録は、維持しなければならない	
監査実施後の活動	被監査部門	● 監査された領域に責任をもつ管理者は、検出された不適合及びその原因を除去するために、遅滞なく必要な修正及び是正処置すべてがとられることを確実にしなければならない
	監査員	● フォローアップには、とった処置の検証及び検証結果の報告を含めなければならない

第12章

図表12-4　内部監査員に必要な力量及び教育事項の整理

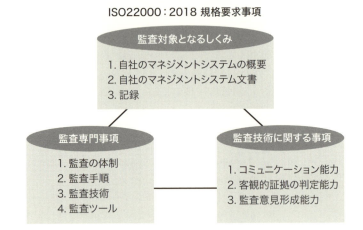

その上で監査する監査員に焦点を当てると、**図表12-4**の3要素が必要となります。

内部監査の計画の立て方

監査計画を立てるのに必要な3要素は、次のとおりです。
- 監査目的
- 監査領域（監査範囲）
- 監査基準

これらを明確にしないまま監査を行っても、何がアウトプットなのかが不明瞭になってしまいます。これらの情報を良く整理した上で、監査計画書とチェックリストの作成となります。内部監査のチェックリストには「知りたいこと」を書くことです。

監査の基本は、監査基準と監査の証拠との比較による評価です。社

図表12-5　役割及び責任分担の例

	監査責任者	監査リーダ	監査メンバー	被監査部門	トップマネジメント
年間監査計画の作成・承認	○作成				●承認
当該年度の監査チームの編成	○実施				
監査スケジュールの作成・日程の合意		○作成		●合意	
監査の準備(被監査部門の手順の理解)		○実施	○実施		
監査の準備(チェックリストの作成・更新)		○実施	○実施		
オープニングミーティング(全社ベース)の実施	○主催	●参加	●参加	●参加	●参加
オープニングミーティング(部門ベース)の実施		○主催	●参加	●参加	
監査の実施		○実施	○実施	●協力	
クロージングミーティング(部門ベース)の実施		○主催	●参加	●参加	
クロージングミーティング(全社ベース)の実施	○主催	●参加	●参加	●参加	●参加
監査報告書(被監査部門向け)の作成・報告		○作成		●合意	
監査報告書(全社ベース)の作成・報告	○作成・報告				●理解
監査結果(不適合)への対応				○実施	
フォローアップ監査の実施及び評価		○実施	○実施		

図表12-6　監査の準備として必要なこと

業務内容の詳細の確認 → 品質・食品安全に関連する業務の絞込み → 関連の規格要求事項の特定 → 次に、何を確認するかの特定

第12章　振返り

内ルールや要求事項と会社の実態を比較して評価するのが内部監査です。とはいえ、監査でルールや要求事項を棒読みする形で質問しても、監査を受ける側は何を言っているのか理解できません。そこで、よく作成されるのがチェックリストです。

　チェックリストでもっともやってはならないのは、監査で聞くことをそのまま台本のように書くことです。聞くことを書くのではなく、知りたいのは何かを書かなければなりません。知りたいことがあるから質問をするのです。そのターゲットが明確でないと、相手にも伝わりません。

　また、自分が知りたいことが、ルールや要求事項とどのように紐付いているかも認識しておく必要があります。そのためには、マニュアルや規格を知り尽くす必要があります。その労力を惜しんではいけません。内部監査は段取りが8割です。段取り次第で成果が決まると言っていいでしょう。

　内部監査の手法というと、質問の仕方とか、テクニックの話に目が行きがちですが、基本はマニュアルや規格といった監査の「基準」をしっかりと把握しておくことです。内部監査がうまくいっていないケースを見ると、そこに時間をかけていないことが多いようです。

4　内部監査チェックシートの作成方法

　図表12-7に示したチェックリストは、要求事項と対比しながら適合性を確認するのには便利です。しかし、第三者の監査員のように規格要求事項の内容をすべて理解して意図がわかっている人レベル向けとなります。よって、経験が浅い内部監査員には、少々高度な形になっています。

図表12-7 食品安全マネジメントシステム (ISO22000：2018) の文書と記録及び活動内容

条項番号		ISO 22000：2018 要求事項	文書（規定・手順・標準・掲示板など）	記録（日報・ノートなど）	文書や記録は どこが社内で 実施（活動） していること	社内ルールの 補足説明
4. 組織の状況						
4.1 組織及びその状況の理解	①	組織は、組織の目的に関連し、かつ、そのFSMSの意図した結果を達成する組織の能力に影響を与える、外部及び内部の課題を明確にしなければならない。				
	②	組織は、これらの外部及び内部の課題に関する情報を特定し、レビューし、更新しなければならない。				
	注記1	課題には、検討の対象となる、好ましい要因又は状態、及び好ましくない要因又は状態が含まれ得る。				
	注記2	組織の状況の理解は、国際、国内、地方又は地域を問わず、法令、技術、競争、市場、文化、社会及び経済の環境、組織の知識やサイバーセキュリティ及び食品偽装、食品防御及び意図的汚染、組織のパフォーマンスを含む、ただし、これらに限定されるわけではない、外部及び内部の課題を検討することによって容易になり得る。				
4.2 利害関係者のニーズ及び期待の理解	①	製品が食品安全に関して適用される法令、規制及び顧客要求事項を満たす製品及びサービスを一貫して提供できる能力をもつことを確実にするために、組織は、次の事項を明確にしなければならない：				
	a)	FSMSに密接に関連する利害関係者；				
	b)	FSMSに密接に関連する利害関係者の要求事項。				
	②	組織は、利害関係者及び利害関係者の要求事項に関する情報を特定し、レビューし、更新しなければならない。				
4.3 食品安全マネジメントシステムの適用範囲の決定	①	組織は、FSMSの適用範囲を定めるために、その境界及び適用可能性を決定しなければならない。				
	②	適用範囲は、FSMSが対象とする製品及びサービス、プロセス及び生産工場を規定しなければならない。				
	③	適用範囲は、最終製品の食品安全に影響を与え得る活動、プロセス、製品及びサービスを含まなければならない。				
	④	この適用範囲を決定するとき、組織は、次の事項を考慮しなければならない：				
	a)	4.1に規定する外部及び内部の課題；				
	b)	4.2に規定する要求事項；				

277

条項番号		ISO 22000：2018 要求事項	文書（規定・手順・標準・掲示板など）	記録（日報・ノートなど）	文書や記録はないが社内で実施（活動）していること	社内ルールの補足説明
4.4 食品安全マネジメントシステム	⑤	適用範囲は、文書化した情報として利用可能な状態にし、維持しなければならない。				
	①	組織は、この規格の要求事項に従って、必要なプロセス及びそれらの相互作用を含む、FSMSを確立し、実施し、維持し、更新し、かつ、継続的に改善しなければならない。				
5 リーダーシップ						
5.1 リーダーシップ及びコミットメント	①	トップマネジメントは、次に示す事項によって、FSMSに関するリーダーシップ及びコミットメントを実証しなければならない。				
	a)	FSMSの食品安全方針及び目標を確立し、それらが組織の戦略的な方向性と両立することを確実にする				
	b)	組織の事業プロセスへのFSMSの要求事項の統合を確実にする				
	c)	FSMSに必要な資源が利用可能であることを確実にする				
	d)	有効な食品安全マネジメントの重要性を伝達し、かつ、FSMS要求事項、適用される法令・規制要求事項、並びに食品安全に関する要求事項に適合した顧客要求事項に適合することを確実にする				
	e)	FSMSが、その意図した結果（4.1参照）を達成するように評価及び維持されることを確実にする				
	f)	FSMSの有効性に寄与するように人々を指揮し、支援する				
	g)	継続的改善を推進する				
	h)	その他の関連する管理層がその責任の領域においてリーダーシップを実証するよう、管理層の役割を支援する				
	注記	この規格で"事業"という場合、それは、組織の存在の目的の中核となる活動という広義の意味で解釈されれ得る。				
5.2 方針						
5.2.1 食品安全方針の確立	①	トップマネジメントは、次の事項を満たす食品安全方針を確立し、実施し、維持しなければならない				
	a)	組織の目的及び状況に対して適切である				
	b)	FSMSの目標の設定及びレビューのための枠組みを与える				
	c)	食品安全に適用される法令・規制要求事項及び相互に合意した顧客要求事項、及び該当する食品安全要求事項を満たすことへのコミットメントを含む				
	d)	内部及び外部コミュニケーションに取組む				
	e)	FSMSの継続的改善へのコミットメントを含む				
	f)	食品安全に関する力量を確保する必要性に取組む				

5.3 組織の役割、責任及び権限					
5.2.2 食品安全方針の伝達		食品安全方針は、次の事項を満たさなければならない：			
	a)	文書化した情報として利用可能な状態にされ、維持される：			
	b)	組織内の全ての階層に伝達され、理解され、適用される：			
	c)	必要に応じて、密接に関連する利害関係者が入手可能である。			
5.3.1	①	トップマネジメントは、関連する役割に対して、責任及び権限が割り当てられ、組織に伝達され、理解されることを確実にしなければならない。			
	②	トップマネジメントは、次の事項に対して、責任及び権限が割り当てられなければならない。			
	a)	FSMSが、この規格の要求事項に適合することを確実にする：			
	b)	FMMSのパフォーマンスをトップマネジメントに報告する：			
	c)	食品安全チーム及び食品安全チームリーダーを指名する：			
	d)	処置を開始し、文書化する明確な責任及び権限をもつ人を指名する：			
5.3.2	①	食品安全チームリーダーは、次の点に責任を持たなければならない：			
	a)	FSMSが確立され、実施され、維持され、または更新されることを確実にする：			
	b)	食品安全チームを管理し、その業務を取りまとめる：			
	c)	食品安全チームに関連する訓練及び力量（7.2参照）を確実にする：			
	d)	FSMSの有効性及び適切性について、トップマネジメントに報告する：			
5.3.3	①	全ての人々は、FSMSに関連する問題をあらかじめ定められた人に報告する責任を持たなければならない。			

6 計画

6.1 リスク及び機会への取組み					
6.1.1	①	FSMSの計画を策定すること、組織は、4.1に規定する課題及び4.2並びに4.3に規定する要求事項を考慮し、その結果に限定される。公衆衛生上のリスク及び機会を決定しなければならない。			
	a)	FSMSが、その意図した結果を達成できるという確信を与える：			
	b)	望ましい影響を増大する：			
	c)	望ましくない影響又は影響を低減する：			
	d)	継続的な改善を達成する：			
	注記	この規格において、リスク及び機会という概念は、FSMSのパフォーマンス及び食品安全に関する事象及び、その結果に限定される。公衆衛生上のリスクに取り組む責任をもつのは規制当局である。組織は食品安全ハザード（3.22参照）のマネジメントを要求されており、このプロセスに関する要求事項は箇条8に規定されている。			
6.1.2	a)	上記によって決定したリスク及び機会への取組み：			

条項番号	ISO 22000：2018 要求事項	文書（規定・手順・標準・掲示板など）	記録（日報・ノートなど）	文書や記録はないが社内で実施（活動）していること	社内ルールの補足説明
6.1.3	b) 次の事項を行う方法： 1) その取組みのFSMSプロセスへの統合及び実施： 2) その取組みの有効性の評価 ① 組織がリスク及び機会に取り組むための処置は、次のものと見合ったものでなければならない： a) 食品安全要求事項への影響： b) 顧客への食品及びサービスの適合： c) フードチェーン内の利害関係者の要求事項。 注記1 機会がリスク及び機会に取り組むための処置による対処には、リスクを回避する、あるリスクを追求するためにそのリスクを取ること、リスク源を除去すること、起こりやすさ若しくは結果を変えること、リスクを共有すること、又は情報に基づいた意思決定によってリスクの存在を容認することが含まれ得る。 注記2 機会は、新たな慣行（製品又は顧客の食品安全性）の採用、新たな技術の使用、及び組織又はその顧客のニーズに取り組むためのその他の望ましくかつ実行可能な可能性につながり得る。				
6.2 食品安全マネジメントシステム及びそれらを達成するための計画策定					
6.2.1	① 組織は、関連する機能及び階層において、FSMSの目標を確立しなければならない。FSMSの目標は、次の事項を満たさなければならない： a) 食品安全方針と整合している： b) （実行可能な場合）測定可能である： c) 法令、規制及び顧客要求を含む、適用される食品安全要求事項を考慮に入れる： d) モニタリングし、検証する： e) 伝達する： f) 必要に応じて、維持及び更新する。 ② 組織は、FSMSの目標に関する情報を、文書化した情報を保持しなければならない。				
6.2.2	① 組織は、FSMSの目標をどのように達成するかについて計画するとき、次の事項を決定しなければならない： a) 実施事項： b) 必要な資源： c) 責任者：				

6.3 変更の計画		d) 実施事項の完了時期：
		e) 結果の評価方法：
	①	組織が、人の変更を含めてFSMSへの変更の必要性を決定した場合、その変更は、計画的な方法で行われ、伝達されなければならない：
		a) 変更の目的及びそれによって起こり得る結果；
		b) FSMSが継続して完全に整っている；
		c) 変更を効果的に実施するための資源の利用可能性：
		d) 責任及び権限の割当て又は再割当て。

7 支援

7.1 資源		
7.1.1 一般	①	組織は、FSMSの確立、維持、実施、及び更新及び継続的改善に必要な資源を明確にし、提供しなければならない。 組織は、次の事項を考慮しなければならない：
		a) 既存の内部資源の実現能力及びあらゆる制約；
		b) 外部資源の必要性。
7.1.2 人々	①	組織は、効果的なFSMSを運用及び維持するために必要な人々に力量（7.2参照）があることを確実にしなければならない。
	②	FSMSの構築、実施、運用又は評価に外部の専門家の協力が必要な場合は、外部の専門家の力量、責任及び権限を定めた合意の記録又は契約を、文書化した情報として利用可能な状態に保持しなければならない。
7.1.3 インフラストラクチャ		組織は、FSMSの要求事項に適合するために必要とされるインフラストラクチャを明確化し、確立と維持のための資源を提供しなければならない。
	注記	インフラストラクチャには、次のものが含まれ得る： - 土地、輸送用設備、建物及び関連ユーティリティ； - 設備。これにはハードウェア及びソフトウェアを含む； - 輸送； - 情報通信技術。
7.1.4 作業環境		組織は、FSMSの要求事項に適合する作業環境の確立と維持のための資源を明確にし、提供し、維持しなければならない。
	注記	適切な環境は、つぎのような人的及び物理的要因の組合せであり得る： a) 社会的要因（例えば、非差別的、平穏、非対立的） b) 心理的要因（例えば、ストレス軽減、燃え尽き症候群防止、心のケア） c) 物理的要因（例えば、気温、熱、湿度、光、気流、衛生状態、騒音） これらの要因は、提供する製品及びサービスによって大いに異なり得る。
7.1.5 外部で開発された食品安全マネジメントシステムの要素	①	組織が、FSMS、PRPs、ハザード分析及び管理プラン（8.5.4参照）を含む外部で開発された要素の使用を通じて、そのFSMSを確立、維持、更新及び継続的に改善をする場合、組織は、提供された要素が次のとおりであることを確実にしなければならない：

条項番号	ISO 22000：2018 要求事項	文書（規定・手順・標準・掲示板など）	記録（日報・ノートなど）	文書や記録はないが社内で実施（活動）していること	社内ルールの補足説明
	a) この規格の要求事項に適合して開発されている：				
	b) 組織の現場、プロセス及び製品に適合可能である：				
	c) 食品安全チームにとって、組織のプロセス及び製品に特に適応させてある：				
	d) この規格で要求されているように実施、維持及び更新されている：				
	e) 文書化した情報として保持されている。				
7.1.6 外部から提供されるプロセス、製品及びサービスの管理	① 組織は、次の事項を行わなければならない。 a) プロセス、製品及び/又はサービスの外部提供者の評価、選択、パフォーマンスのモニタリング及び再評価を行うための基準を確立し、適用する： b) 外部提供者に対して、要求事項を適切に伝達する： c) 外部から提供されるプロセス、製品及び/又はサービスが、FSMSの要求事項を一貫して満たすことができる組織の能力に悪影響を与えないことを確実にする： d) これらの活動及び、評価並びに再評価の結果としてのあらゆる必要な処置について、文書化した情報を保持する。				
7.2 力量	① 組織は、次の事項を行わなければならない。 a) 組織の食品安全パフォーマンス及びFSMSの有効性に影響を与え、その管理下で行う外部提供者を含めた、人（又は人々）に必要な力量を決定する； b) 適切な教育、訓練、及び/又は経験に基づいて、食品安全チーム及びハザード管理プランの運用に責任をもつ者を含め、それらの人々が力量を備えていることを確実にする： c) 食品安全チーム、及びFSMSを構築し、かつ、実施する上で、多くの分野にわたる知識及び経験を組み合わせていることを確実にする（FSMSの適用範囲内での組織の製品、工程、装置及び食品安全ハザードを含む。これだけに限らない）； d) 該当する場合には、必ず、必要な力量を身に付けるための処置をとり、とった処置の有効性を評価する： e) 力量の証拠として、適切な文書化した情報を保持する。 注記 適用される処置には、例えば、現在雇用している人々に対する、教育訓練の提供、配置転換の実施などがあり、また、力量を備えた人々の雇用、そうした人々との契約締結などがあり得る。				

7.3 認識	①	組織は、組織の管理下で働く全ての関連する人々が、次の事項に関して認識をもつことを確実にしなければならない:
		a) 食品安全方針:
		b) 彼らの職務に関連するFSMSの目標:
		c) 食品安全パフォーマンスの向上によって得られる便益を含む、FSMSの有効性に対する各自の貢献:
		d) FSMS要求事項に適合しないことの意味。
7.4 コミュニケーション	7.4.1 一般	① 組織は、次の事項の決定を含む、FSMSに関連する内部及び外部のコミュニケーションを決定しなければならない:
		a) コミュニケーションの内容:
		b) コミュニケーションの実施時期:
		c) コミュニケーションの対象者:
		d) コミュニケーションの方法:
		e) コミュニケーションを行う人。
		② 組織は、食品安全に影響を与える活動を行う全ての人が、効果的なコミュニケーションの要求事項を理解することを確実にしなければならない。
	7.4.2 外部コミュニケーション	① 組織は、十分な情報が有効に外部に伝達され、かつ、フードチェーンの利害関係者が利用できることを確実にしなければならない。
		② 組織は、次のものとの有効なコミュニケーションを確立し、実施し、かつ、維持しなければならない:
		a) 外部提供者及び契約者:
		b) 次の事項に関する顧客及び/又は消費者
		1) フードチェーン内での又は消費者による製品の取扱い、保管、陳列、調理、流通及び/又は使用を可能にする、食品安全に関する製品情報:
		2) フードチェーン内の他の組織による、及び/又は消費者による管理が必要、特定された食品安全ハザード:
		3) 修正を含む、契約又は取決め、引き合い及び発注:
		4) 苦情を含む、顧客及び/又は消費者のフィードバック:
		c) 法令・規制当局
		d) FSMSの有効性又は更新に影響する、または、それによって影響されるその他の組織。
		③ 指定された者は、食品安全に関するあらゆる情報を外部に伝達するための、明確な責任及び権限を持たなければならない。
		④ 該当する場合、外部とのコミュニケーションを通じて得られる情報は、マネジメントレビュー（9.3参照）及びFSMSの更新（4.4及び10.3参照）へのインプットとして含めなければならない。

第12章　振返り

条項番号		ISO 22000：2018 要求事項	文書（規定・手順・標準・掲示板など）	記録（日報・ノートなど）	文書や記録はないが社内で実施（活動）していること	社内ルールの補足説明
7.4.3 内部コミュニケーション	⑤	外部コミュニケーションの証拠は、文書化した情報として保持しなければならない。				
	①	組織は、食品安全に影響する問題を伝達するための効果的なシステムを確立し、実施し、かつ、維持しなければならない。				
	②	組織は、FSMSの有効性を維持するために、次における変更があればタイムリーに食品安全チームに知らせることを確実にしなければならない。				
	a)	製品又は新製品；				
	b)	原料、材料及びサービス；				
	c)	生産システム及び装置；				
	d)	生産施設、装置の配置、周囲環境；				
	e)	清掃・洗浄及び殺菌・消毒プログラム；				
	f)	包装、保管及び流通システム；				
	g)	力量及び／又は責任・権限の割当て；				
	h)	適用される法令・規制要求事項；				
	i)	食品安全ハザード及び管理手段に関連する知識；				
	j)	組織が順守する、顧客、業界及びその他の要求事項；				
	k)	外部の利害関係者からの関連する引き合い及びコミュニケーション；				
	l)	最終製品に関連した食品安全ハザードを示す苦情及び警告；				
	m)	食品安全に影響するその他の条件。				
	③	食品安全チームは、FSMS（4.4及び10.3参照）を更新する場合に、この情報が含められることを確実にしなければならない。				
	④	トップマネジメントは、関連情報をマネジメントレビューのインプット（9.3参照）として含めることを確実にしなければならない。				
7.5 文書化した情報 7.5.1 一般	①	組織のFSMSは、次の事項を含まなければならない：				
	a)	この規格が要求する文書化した情報；				
	b)	FSMSの有効性のために必要であると組織が決定した、文書化した情報；				
	c)	法令、規制当局及び顧客が要求する、文書化した食品安全要求事項。				
	注記	FSMSのための文書化した情報の程度は、次のような理由によって、製品及びサービスの種類、それぞれの組織で異なる場合がある： －組織の規模、並びに活動、プロセス及びその相互作用の複雑さ； －人々の力量。				

7.5.2 作成及び更新			文書化した情報を作成及び更新する際は、組織は、次の事項を確実にしなければならない：
		a)	適切な識別及び記述（例えば、タイトル、日付、作成者、参照番号）：
		b)	適切な形式（例えば、言語、ソフトウェアの版、図表）及び媒体（例えば、紙、電子媒体）：
		c)	適切性及び妥当性に関する、適切なレビュー及び承認。
7.5.3 文書化した情報の管理	7.5.3.1	①	FSMS及びこの規格で要求されている文書化した情報は、次の事項を確実にするために、管理しなければならない：
		a)	文書化した情報が、必要なときに、必要なところで、入手可能かつ利用可能である：
		b)	文書化した情報が十分に保護されている（例えば、機密性の喪失、不適切な使用及び完全性の喪失からの保護）。
	7.5.3.2	①	文書化した情報の管理に当たって、組織は、該当する場合には、必ず、次の行動を取り組まなければならない：
		a)	配付、アクセス、検索及び利用：
		b)	読みやすさが保たれることを含む、保管及び保存：
		c)	変更の管理（例えば、版の管理）：
		d)	保持及び廃棄。
		②	FSMSの計画及び運用のために組織が必要と決定した外部からの文書化した情報は、必要に応じて識別し、管理しなければならない。
		③	適合の証拠として保持する文書化した情報は、意図しない改変から保護しなければならない。
		注記	アクセスとは、文書化した情報の閲覧だけの許可に関する決定、又は、文書化した情報の閲覧及び変更の許可及び権限に関する決定を意味し得る。

8 運用

8.1 運用の計画及び管理		①	組織は、次に示す事項の実施によって、安全な製品の実現に対する要求事項を満たすため、及び6.1で決定した取組みを実施するために必要なプロセスを計画し、実施し、維持し、管理し、かつ、更新しなければならない：
		a)	プロセスに関する基準の設定：
		b)	その基準に従った、プロセスの管理の実施：
		c)	プロセスが計画どおりに実施されたことを示すための確信をもつために必要な程度の、文書化した情報の保存。
		②	組織は、計画した変更を管理し、意図しない変更によって生じた結果を必要に応じてレビューし、必要に応じて、あらゆる有害な影響を軽減する処置をとらなければならない。

第12章

第12章　振返り

条項番号		ISO 22000：2018 要求事項	文書（規定・手順・標準・掲示板など）	記録（日報・ノートなど）	文書や記録はないが社内で実施（活動）していること	社内ルールの補足説明
8.2 前提条件プログラム (PRPs)	③	組織は外部委託したプロセスが管理されていることを確実にしなければならない（7.1.6参照）。				
8.2.1	①	組織は、製品、製品加工工程及び作業環境での汚染（食品安全ハザードを含む）の予防及び/又は低減を容易にするために、PRP（s）を確立、実施、維持及び更新しなければならない。				
8.2.2		PRP（s）は、次のとおりでなければならない：				
	a)	食品安全に関して組織及びその状況に適している：				
	b)	作業の規模及び種類並びに、製造される及び/又は取り扱われる製品の性質に適している：				
	c)	全般に適用されるプログラムとして、又は特定の製品若しくは工程に適用されるプログラムとして、生産システム全体で実施される：				
	d)	食品安全チームによって承認されている。				
8.2.3	①	PRP（s）を選択及び/又は確立する場合、組織は、適用される法令、規制及び相互に合意された顧客要求事項が特定されることを確実にしなければならない。組織は、次のことを考慮することが望ましい：				
	a)	ISO/TS22002シリーズの該当するパート：				
	b)	該当する規格、実施規範及び指針				
8.2.4	①	PRP（s）を確立する場合、組織は、次の事項を考慮しなければならない：				
	a)	建造物、建物の配置、及び付随したユーティリティ：				
	b)	ゾーニング、作業区域及び従業員施設を含む構内の配置：				
	c)	空気、水、エネルギー及びその他のユーティリティの供給：				
	d)	ペストコントロール、廃棄物及び汚水処理並びに支援サービス：				
	e)	装置の適切性並びに清掃・洗浄及び保守のためのアクセス可能性：				
	f)	供給者の承認及び保証プロセス（例えば、原料、材料、化学薬品及び包装）：				
	g)	搬入される材料の受け入れ、保管、発送、輸送及び製品の取扱い：				
	h)	交差汚染の予防手段：				
	i)	清掃・洗浄及び消毒：				
	j)	人々の衛生：				
	k)	製品情報/消費者の認識：				

	l)	必要に応じて、その他のもの。
	②	文書化した情報は、PRP（s）の選択、確立、適用、適用できるモニタリング及び検証について規定しなければならない。
8.3 トレーサビリティシステム	①	トレーサビリティシステムは、供給者から納入される材料及び最終製品の最初の流通経路を一意的に特定できなければならない。
	②	トレーサビリティシステムの確立及び実施の場合、少なくとも、次の事項を考慮しなければならない：
		a) 最終製品に対する受け入れ材料、原料及び中間製品のロットの関係：
		b) 材料／製品の再加工。
		c) 最終製品の流通。
	③	組織は、適用される法令、規制及び顧客要求事項が特定されることを確実にしなければならない。
	④	トレーサビリティシステムの証拠としての文書化した情報は、少なくとも、最終製品のシェルフライフを含む定められた期間、保持しなければならない。
	注記	該当する場合、システムの検証は、有効性の証拠として最終製品量と材料量の照合を含むことが期待される。
8.4 緊急事態への準備及び対応 8.4.1 一般	①	トップマネジメントは、食品安全に影響を与える可能性があり、またフードチェーンにおける組織の役割に関連する潜在的な緊急事態又はインシデントに対応するための手順が確立していることを確実にしなければならない。
	②	これらの状況及びインシデントを管理するために、文書化した情報を確立し、維持しなければならない。
8.4.2 緊急事態及びインシデントの処理	①	組織は、次の事項を行わなければならない：
		a) 次により、実際の緊急事態及びインシデントに対応する： 1) 適用される法令・規制要求事項が特定されることを確実にする： 2) 内部コミュニケーション： 3) 外部コミュニケーション（例えば、供給者、顧客、該当する機関、メディア）：
		b) 緊急事態又はインシデント又は潜在的な食品安全への影響の度合いに応じて、緊急事態のもたらす影響を低減する処置をとる：
		c) 実務的であれば、手順を定期的に試験する。
		d) 何らかのインシデント、緊急事態又は試験の後は、文書化した情報をレビューし、必要に応じて更新する。

第12章

第12章　振返り

条項番号		注記	ISO 22000：2018 要求事項	文書（規定・手順・標準・掲示板など）	記録（日報・ノートなど）	文書や記録はないが社内で実施（活動）していること	社内ルールの補足説明
8.5 ハザードの管理	8.5.1 ハザード分析を可能にする予備段階						
	8.5.1.1 一般		食品安全及び/又は生産に影響を与える可能性のある緊急事態の例は、自然災害、環境事故、バイオテロ、作業場の事故、公衆衛生での緊急事態及びその他の事故、例えば、水、電力又は冷媒の供給などの不可欠なサービスの中断である。				
		①	ハザード分析を実施するために、食品安全チームは事前情報を収集し、維持し、更新しなければならない。				
		a)	適用される法令・規制及び顧客要求事項；				
		b)	組織の製品、工程及び装置；				
		c)	FSMSに関連する食品安全ハザード				
	8.5.1.2 原料、材料及び製品に接触する材料の特性	①	組織は、全ての原料、材料及び製品に接触する材料に対する適用される全ての法令・規制食品安全要求事項が特定されることを確実にしなければならない。				
			組織は、全ての原料、材料及び製品に接触する材料に関して、必要に応じて、次のものを含めて、ハザード分析（8.5.2参照）を実施するために必要となる範囲で文書化した情報を維持しなければならない：				
		a)	生物学、化学的、物理的特性；				
		b)	添加物及び加工助剤を含む、配合された材料の組成；				
		c)	由来（例えば、動物、鉱物又は野菜）；				
		d)	原産地（出所）；				
		e)	生産方法；				
		f)	包装及び配送の方法；				
		g)	保管条件及びシェルフライフ；				
		h)	使用又は加工前の準備及び/又は取扱い；				
		i)	意図した用途に適した、購入した資材及び材料の食品安全に関連する合否判定基準又は仕様。				
	8.5.1.3 最終製品の特性	①	組織は、生産を意図している全ての最終製品に対する適用される全ての法令・規制食品安全要求事項が特定されることを確実にしなければならない。				
		②	組織は、最終製品の特定に関し、必要に応じて、次のものの情報を含め、ハザード分析（8.5.2参照）が特定されることを実施するために必要となる範囲で文書化した情報を維持しなければならない：				
		a)	製品名又は同等の識別；				

	b)	組成：
	c)	食品安全に関連する生物学、化学的、物理学的特性：
	d)	意図したシェルフライフ及び保管条件：
	e)	包装
	f)	食品安全に関する表示及び/又は取扱い、調理及び意図した用途に関する説明：
	g)	流通及び配送の方法
8.5.1.4 意図した用途	①	意図した用途は、合理的に予測される最終製品の取扱いを含めて、最終製品の意図とはしないが合理的に予測されるあらゆる誤った取扱い及び誤使用を考慮し、かつ、ハザード分析（8.5.2参照）を実施するために必要となる範囲で文書化し維持しなければならない。
	②	必要に応じて、各製品に対して、消費者／ユーザーのグループを特定しなければならない。
	③	特定の食品安全ハザードに対して、特に無防備と判断している消費者／ユーザーのグループを特定しなければならない。
8.5.1.5 フローダイアグラム及び工程の記述		
8.5.1.5.1 フローダイアグラムの作成	ア	
	①	食品安全チームは、FSMSが対象とする製品及び製品カテゴリー及び工程に対する文書化した情報として、フローダイアグラムを確立し、維持し及び更新しなければならない。
	②	フローダイアグラムは工程の図解を示す。フローダイアグラムは、食品安全ハザードの発生、増大、減少又は混入の可能性を評価する基礎として、ハザード分析を行う場合に使用しなければならない。
	③	フローダイアグラムは、ハザード分析を実施するために必要な範囲内で、明確で、正確で、十分に詳しいものでなければならない。
	④	フローダイアグラムには、必要に応じて、次の事項を含めなければならない。
	a)	作業における段階の順序及び相互関係：
	b)	あらゆる外部委託した工程：
	c)	原料、材料、加工助剤、包装材料、ユーティリティ及び中間製品がフローに入る箇所：
	d)	再加工及び再利用が行われる箇所：
	e)	最終製品、中間製品、副産物及び廃棄物を搬出又は取り除く箇所。

第12章

第12章 振返り

条項番号		ISO 22000：2018 要求事項	文書（規定・手順・標準・掲示板など）	記録（日報・ノートなど）	文書や記録はないが社内で実施（活動）していること	社内ルールの補足説明
8.5.1.5.2 フローダイアグラムの現場確認	①	食品安全チームは、現場確認によって、フローダイアグラムの正確さを確認し、必要に応じて更新し、文書化として保持しなければならない。				
8.5.1.5.3 工程及び工程の環境の記述	①	食品安全チームは、ハザード分析を行うために必要な範囲で、次の事項を記述しなければならない。				
		a) 食品及び非食品取扱い区域を含む構内の配置：				
		b) 加工装置及び食品に接触する材料、加工助剤及び材料のフロー：				
		c) 既存のPRPs、工程のパラメーター（もしある場合は）管理手段及び/又は適用の厳しさ、若しくは食品安全に影響を与え得る手順：				
		d) 管理手段の選択及び設計に厳しさに影響を与える可能性のある外部要求事項（例えば、法令及び規制当局又は顧客から）				
	②	予測される季節的変化又はシフトパターンから生じる変動は、必要に応じて、含めなければならない。				
	③	記述は必要に応じて更新し、文書化した情報として維持しなければならない。				
8.5.2 ハザード分析	8.5.2.1 一般	①	食品安全チームは、管理が必要なハザードを決定するために、事前情報に基づいてハザード分析をしなければならない。			
		②	管理の程度は、食品安全を保証するものでなければならず、必要に応じて、管理手段を組み合わせたものを使用しなければならない。			
	8.5.2.2 ハザードの特定及び許容水準の決定					
	8.5.2.2.1	①	組織は、製品の種類、工程及び工程の環境の種類に関連して、発生することが合理的に予測される全ての食品安全ハザードを特定し、かつ、文書化しなければならない。			
		②	特定は、次の事項に基づかなければならない。			
		a) 8.5.1に従って収集した事前情報及びデータ：				
		b) 経験：				
		c) 可能な範囲で、授受的、科学的及びその他の過去のデータを含む内部及び外部情報：				

	d)	最終製品、中間製品及び消費者の安全に関連する食品安全ハザードに関するフードチェーンからの情報:
	e)	法令、規制及び顧客要求事項。
	注記1	経験は、他の施設における製品及び/又は工程に詳しいスタッフ及び外部専門家からの情報を含めることができる。
	注記2	法令、規制要求事項は、食品安全目標（FSOs）を含むことができる。コーデックス食品規格委員会は、食品安全目標（FSOs）を"消費時の食品中にあるハザードの最大頻度及び/又は濃度で、適正な保護水準（ALOP）を提供又はこれらに寄与する"と定義している。
	③	ハザード評価及び適切な管理手段の選択を可能にするために、ハザードを十分に、詳細に考慮することが望ましい。
8.5.2.2.2	①	組織は、各食品安全ハザードが存在し、混在され、増加又は存続する可能性のある段階（例えば、原料の受け入れ、加工、流通及び配送）を特定しなければならない。
	②	ハザードを特定する場合、組織は次の後続の事項を考慮しなければならない：
	a)	フードチェーンにおいて先行及び後続の段階；
	b)	フローダイアグラム中の全ての段階；
	c)	工程に使用する装置、ユーティリティ/サービス、工程の環境及び要員。
8.5.2.2.3	①	組織は、特定された食品安全ハザードのそれぞれについて、最終製品における許容水準を可能なときはいつでも決定しなければならない。
	②	許容水準を決定する場合、組織は次の事項を行わなければならない：
	a)	適用される法令、規制及び顧客要求事項が特定されることを確実にする；
	b)	最終製品の意図した用途を考慮する；
	c)	その他の関連情報を考慮する。
	③	組織は、許容水準の決定及び許容水準を正当化する根拠に関して文書化した情報を維持しなければならない。
8.5.2.3 ハザード評価	①	組織は、特定されたそれぞれの食品安全ハザードについて、その予防又は許容水準までの低減が必須であるかどうかを決定するために、ハザード評価を実施しなければならない。
	②	組織は、次の事項に関して、それぞれの食品安全ハザードを評価しなければならない：
	a)	管理手段の適用の前に最終製品中で発生する起こりやすさ；
	b)	意図した用途（8.5.1.4参照）との関連で起こる健康への影響の重大さ。
	③	組織は、あらゆる重大な食品安全ハザードを特定しなければならない。
	④	使用した評価方法を記述し、また食品安全ハザード評価の結果を文書化した情報として維持しなければならない。

条項番号		ISO 22000：2018 要求事項	文書（規定・手順・標準・掲示板など）	記録（日報・ノートなど）	文書や記録はないが社内で実施（活動）していること	社内ルールの補足説明
8.5.2.4 管理手段及び手段の選択及びカテゴリー分け						
8.5.2.4.1	①	ハザード評価に基づいて、組織は、特定された重要な食品安全ハザードを予防又は低減して、規定の許容水準にすることができる、適切な管理手段の組合せを選択しなければならない。				
	②	組織は、選択された管理手段をOPRPs（3.3参照）又はCCPs（3.11参照）として管理するようにカテゴリー分けをしなければならない。				
	③	カテゴリー分けは、系統的なアプローチを用いて実施しなければならない。				
	④	選択したそれぞれの管理手段については、次の評価がなければならない： a) 機能逸脱の起こる可能性： b) 特定された重要な食品安全ハザードへの影響： 1) 特定された重要な食品安全ハザードへの影響： 2) 他の管理手段との関係における位置づけ： 3) 管理手段が特に、ハザードの許容水準までの低減のために考案され、適用されるか否か： 4) 単一の手段か又は管理手段の組合せの一部であるかどうか。				
8.5.2.4.2	①	さらに、それぞれの管理手段に対して、系統的なアプローチは次の可能性の評価を含まなければならない： a) 測定可能な許容限界及び／又は測定可能／観察可能な処置基準の確立： b) 許容限界及び／又は測定可能／観察可能な処置基準からのあらゆる逸脱を検出するためのモニタリング：				
		c) このような逸脱の場合の、タイムリーな修正の適用。				
	②	意思決定プロセス及び管理手段の選択並びにカテゴリー分けの結果は、文書化し情報として維持しなければならない。				
	③	管理手段の選択及び管理手段に影響を与える可能性がある外部からの要求事項（例えば、法令、規制及び顧客要求事項）も文書化し情報として維持しなければならない。				
8.5.3 管理手段及び管理手段の組合せの妥当性確認	①	食品安全チームは、選択した管理手段及び重要な食品安全ハザードを管理を達成できることの妥当性確認を行わなければならない。				
	②	この妥当性確認は、ハザード管理プラン（8.5.4参照）に組み入れる管理手段の実施に先立って、また管理手段のあらゆる変更の後に行わなければならない（7.4.2 7.4.3 10.2及び10.3参照）。				

	③	妥当性確認の結果、管理手段の組合せが意図した管理を達成できないことが明らかになった場合、食品安全チームは、管理手段及び/又は管理手段の組合せを修正し、再評価しなければならない。
	④	食品安全チームは、妥当性確認方法及び意図した管理を達成できる管理手段の能力を示す証拠を、文書化した情報として維持しなければならない。
	注記	修正には、管理手段の変更(すなわち、工程のパラメータ、厳密さ及び/又は管理手段の組合せ)及び/又は原料の生産技術、最終製品特性、流通方法及び又は最終製品の意図した用途の変更を含むことができる。
8.5.4 ハザード管理プラン(HACCP/OPRPプラン)	8.5.4.1 一般	
	①	組織は、ハザード管理プランを確立し、実施及び維持しなければならない。ハザード管理プランは、文書化した情報として維持され、かつ、各CCP又はOPRPの管理手段を、次の情報を含めなければならない:
	a)	CCPにおいて又はOPRPによって管理される食品安全ハザード:
	b)	CCPにおける許容限界又はOPRPに対する処置基準:
	c)	モニタリング手順:
	d)	許容限界又は処置基準を満たさない場合に行うべき修正:
	e)	責任及び権限:
	f)	モニタリングの記録。
	8.5.4.2 許容限界及び処置基準の決定	
	①	CCPにおける許容限界及び、OPRPに対する処置基準を規定しなければならない。この決定した根拠を、文書化した情報として維持しなければならない。
	②	CCPにおける許容限界は測定可能でなければならない。許容限界に適合することで、許容水準を超えないことを保証されなければならない。
	③	OPRPに対する処置基準は、測定可能又は観察可能でなければならない。処置基準に適合することで、許容水準を超えないことの保証に寄与されなければならない。
	8.5.4.3 CCPsにおける許容限界及びOPRPsに対するモニタリングシステム	
	①	各CCPにおいて、許容限界内からのあらゆる逸脱を検出するために、それぞれの管理手段又は管理手段の組合せに対してモニタリングシステムを確立しなければならない。
	②	このシステムは、許容限界に対する全ての計画された測定を含まなければならない。
	③	各OPRPに対して、処置基準を満たしている状態からの逸脱を検出するために、管理手段又は管理手段の組合せに対してモニタリングシステムを確立しなければならない。
	④	各CCPにおける許容限界及び各OPRPに対するモニタリングシステムは、次の事項を含めて、文書化した情報として構成されなければならない:
	a)	適切な時間枠内に結果をもたらす測定又は観察:

第12章

第12章　振返り

条項番号	ISO 22000：2018 要求事項	文書（規定・手順・標準・掲示板など）	記録（日報・ノートなど）	文書や記録はないが社内で実施（活動）していること	社内ルールの補足説明
	b) 使用するモニタリング方法又は機器：				
	c) 適用する校正方法又は、OPRPsの場合、信頼できる測定又は観察を検証するための同等の方法（8.7参照）：				
	d) モニタリング頻度：				
	e) モニタリング結果：				
	f) モニタリングに関連する責任及び権限：				
	g) モニタリング結果の評価に関連する責任及び権限。				
	⑤ 各CCPにおいて、モニタリング方法及び頻度は、タイムリーに製品の隔離及び評価ができるように、許容限界内からのあらゆる逸脱をタイムリーに検出できるものでなければならない（8.9.4参照）。				
	⑥ 各OPRPにおいて、モニタリング方法及び頻度は、逸脱の起こりやすさ及び結果の重大さと均衡のとれたものでなければならない。				
	⑦ OPRPのモニタリングが観察（例えば、目視検査）による主観的なデータに基づいている場合は、その方法は指示書又は様書によって裏付けられたものでなければならない。				
8.5.4.4 許容限界又は処置基準が守られなかった場合の処置	① 組織は、許容限界（8.9.2参照）及び処置基準（8.9.3参照）を規定し、かつ、次のことを確実にしなければならない：				
	a) 安全でない可能性がある製品がリリースされていない（8.9.4参照）：				
	b) 不適合の原因を特定する；				
	c) CCPにおいて又はOPRPによって、管理されているパラメータを許容限界内又は処置基準に戻す；				
	d) 再発を防止する。				
	② 組織は、8.9.2に従って修正を行い、また8.9.3に従って是正処置をとらなければならない。				
8.5.4.5 ハザード管理プランの実施	① 組織は、ハザード管理プランを確立した後、組織は、維持し、また実施の証拠を文書化しなければならない。				
8.6 PRPs及びハザード管理プランを規定する情報の更新	① 組織は、ハザード管理プランを確立し、維持し、必要ならば、次の情報を更新しなければならない：				
	a) 原料、材料及び製品と接する材料の特性：				
	b) 最終製品の特性：				

8.7 モニタリング及び測定の管理		
	c)	意図した用途:
	d)	フローダイアグラム及び工程並びに工程の環境の記述。
	②	組織は、ハザード管理プラン及び/又はPRPsが最新であることを確実にしなければならない。
	①	組織は、指定のモニタリング及び測定方法及び使用される装置が、PRPs及びハザード管理プランに関連した、モニタリング及び測定活動によって適切であるという証拠を提示しなければならない。
	②	モニタリング及び測定に使用する装置は、次の情報を満たさなければならない。
	a)	使用する前に、定められた間隔で校正又は検証する:
	b)	調整する又は必要に応じて再調整する:
	c)	校正の状態が明確にできるように指定する:
	d)	測定した結果が無効になるような調整からの安全防護:
	e)	損傷及び劣化からの保護。
	③	校正及び検証の結果は、文書化した情報として保持しなければならない。
	④	全ての装置の校正は、国際又は国家計量標準までのトレースできなければならない。標準が存在しない場合は、校正に用いた基準を文書化した情報として保持しなければならない。
	⑤	装置又は工程の環境が要求事項に適合しないことが判明した場合、組織は、それまでに測定した結果の妥当性を評価しなければならない。
	⑥	組織は、関連する装置又は工程の環境及び不適合によって影響を受けたあらゆる製品について適切な処置をとらなければならない。
	⑦	評価及びその結果としての処置は、文書化した情報として維持しなければならない。
	⑧	FSMS内でのモニタリング及び測定で使用するソフトウェアは、組織、ソフトウェア供給者、又は第三者が、使用前に妥当性確認をしなければならない。
	⑨	妥当性確認活動に関する文書化した情報は組織が維持し、かつ、ソフトウェアはタイムリーに更新しなければならない。
	⑩	ソフトウェアの校正/市販の入手可能なソフトウェアへの修正を含む変更があったときは必ず、その変更を承認し、文書化し、また、実施前に妥当性確認をしなければならない。
	注記	設計された適用範囲内で一般的に使用されている市販のソフトウェアは、十分に妥当性確認がされているとみなし得る。

第12章　振返り

	条項番号		ISO 22000：2018 要求事項	文書（規定・手順・標準・掲示板など）	記録（日報・ノートなど）	文書や記録はないが社内で実施（活動）していること	社内ルールの補足説明
8.8 PRPs及びハザード管理プランに関する検証	8.8.1 検証	①	組織は、検証活動を確立し、実施及び維持しなければならない。				
		②	検証計画では、検証活動の目的、方法、頻度及び責任を明確にしなければならない。個々の検証活動は、次の事項を確認しなければならない：				
		③	個々の検証活動は、次の事項を確認しなければならない：				
			a) PRPsが実施され、かつ効果的である：				
			b) ハザード管理プランが実施され、かつ効果的である：				
			c) ハザード水準が、特定された許容水準内にある；				
			d) ハザード分析へのインプットが更新されている；				
			e) 組織が決定したその他の活動が実施され、かつ効果的である。				
		④	組織は、検証活動を、同じ活動のモニタリングに責任を有する人が実施しないことを確実にしなければならない。				
		⑤	検証活動は、文書化した情報として保持され、また伝達されなければならない。				
		⑥	検証が最終製品サンプル又は工程から直接採取ったサンプルの試験に基づき、かつ、そのような試験サンプルが食品安全の許容水準への不適合を示した場合、組織は影響を受ける製品ロットを安全でない可能性があるもの（8.9.4.3 参照）として取り扱い、かつ、8.9.3に従って是正処置を適用しなければならない。				
	8.8.2 検証活動の結果の分析	①	食品安全チームは、FSMSのパフォーマンス評価（9.1.2参照）へのインプットとして使用する検証結果の分析を実施しなければならない。				
8.9 製品及び工程の不適合の管理	8.9.1 一般	①	組織はOPRPs及びCCPsにおけるモニタリングで得られたデータが、修正及び是正処置を開始する力量及び権限をもつ指定された者によって評価されることを確実にしなければならない。				
	8.9.2 修正						
	8.9.2.1	①	組織は、CCPsにおける許容限界及び/又はOPRPsに対する処置基準が守られなかった場合は、影響をうけた製品を特定して、その使用及びリリースについて管理されていることを確実にしなければならない。				
			組織は、次を含む文書化した情報を確立、維持及び更新しなければならない：				
			a) 適切な取扱い／を保証するための製品の特定、評価及び修正の方法；				
			b) 実施した修正のレビューのための取り決め。				

項番		内容
8.9.2.2	①	CCPsにおける許容限界が守られなかった場合は、影響を受けた製品を特定して、安全でない可能性がある製品として取り扱わなければならない（8.9.4参照）。
8.9.2.3	①	OPRPsに対する処置基準が守られなかった場合、次のことを実施しなければならない：
		a) 食品安全に関する逸脱の結果の判断
		b) 逸脱の原因の特定
		c) 影響を受けた製品の特定及び8.9.4による取扱い
	②	組織は、評価の結果を文書化した情報として保持しなければならない。
8.9.2.4	①	文書化した情報は、次を含め、不適合製品及び工程について行われた修正を記述するために保持されなければならない：
		a) 不適合の性質
		b) 逸脱の原因
		c) 不適合の結果としての重大性
8.9.3 是正処置	①	CCPsにおける許容限界及び/又はOPRPsに対する処置基準が守られていない場合、是正処置の必要性を評価しなければならない。
	②	組織は、検出された不適合の原因の特定及び除去のため、再発を防止するため、及び不適合が特定された後に工程を正常（管理状態）に戻すための適切な処置を規定して文書化した情報を確立し、維持しなければならない。
	③	これらの処置は、次の事項を含まなければならない：
		a) 顧客及び/又は顧客苦情及び/又は法律に基づく検査報告で特定された不適合をレビューする；
		b) 管理が損なわれる方向にあり得ることを示すモニタリング結果の傾向をレビューする；
		c) 不適合の原因を特定する；
		d) 不適合が再発しないことを確実にするための処置の必要性を決定し、実施する；
		e) とられた是正処置の結果を文書化する
		f) 是正処置が有効であることを確実にするために、とられた処置を検証する。
	④	組織は、全ての是正処置に関する文書化した情報を保持しなければならない。
8.9.4 安全でない可能性がある製品の取扱い	8.9.4.1 一般 ①	組織は、次の事項のいずれかを提示することができることが可能である場合を除き、安全でない可能性がある製品がフードチェーンに入ることを予防するための処置を取らなければならない。

第12章　振返り

案項番号		ISO 22000：2018 要求事項	文書（規定・手順・標準・掲示板など）	記録（日報・ノートなど）	文書や記録はないが社内で実施（活動）していること	社内ルールの補足説明
	a)	対象となる食品安全ハザードが規定された許容水準まで低減されている；				
	b)	対象となる食品安全ハザードが、フードチェーンに入る前に規定された許容水準まで不足減される；又は				
	c)	製品が、不適合にもかかわらず、対象となる食品安全ハザードの規定された許容水準を引き続き満たしている。				
8.9.4.2 リリースのための評価	①	不適合によって影響を受けたそれぞれのロットは、評価しなければならない。				
	②	CCPsにおける許容限界からの逸脱によって影響を受けた製品はリリースしてはならず、8.9.4.3に従って取り扱われなければならない。				
	③	OPRPsに対する処置基準を満たしている状態からの逸脱によって影響を受けた製品は、次のいずれかの条件に該当する場合のみ、安全な製品としてリリースされなければならない。				
	a)	モニタリングシステム以外の証拠が、管理手段が有効であったことを実証している。				
	b)	特定の製品に対する管理手段の複合的効果が、意図したパフォーマンス（すなわち、特定された許容水準）を満たしていることを実証する証拠がある；				
	c)	サンプリング、分析及び/又はその他の検証活動の結果が、影響を受けた製品は、該当する食品安全ハザードの特定された許容水準に適合することを実証している。				
	④	製品リリースのための評価の結果は、文書化した情報として保持されなければならない。				
8.9.4.3 不適合製品の処理	①	リリースが認められない製品は、次の作業のいずれかによって取り扱わなければならない；				
	a)	食品安全ハザードが許容水準まで低減されることを確実にするための、組織内又は組織外での再加工又は更なる加工；又は				
	b)	フードチェーン内の食品安全が影響を受けなければ、他の用途への転用；又は				
	c)	破壊及び/又は廃棄処理。				
	②	承認権限をもつ者の特定を含め、不適合製品の処理に関する文書化した情報を保持しなければならない。				
8.9.5 回収/リコール	①	組織は、回収/リコールを開始する及び実施する権限をもつ者を指名することにより、安全でない可能性があると特定された最終製品のロットのタイムリーな回収/リコールを確実にできなければならない。				

298

		②	組織は、次のために文書化した情報を確立し、維持しなければならない:
			a) 関連する利害関係者（例えば、法令及び規制当局、顧客及び/又は消費者）への通知;
			b) 回収/リコールした製品及び/又は在庫のある製品の取扱い;
			c) とるべき一連の処置の実施。
		③	回収/リコールされた製品及び、まだ在庫のある最終製品は、8.9.4.3に従って管理されるか、又は確実に保管されるか、組織の管理下におかなければならない。
		④	回収/リコールの原因、範囲及び結果は、文書化した情報として保持され、またマネジメントレビュー（9.3参照）へのインプットとして、トップマネジメントに報告しなければならない。
		⑤	組織は、回収/リコールプログラムの実施及び適切な手法（例えば、模擬回収/リコール、又は回収/リコール演習）の使用を通じての有効性を検証し、かつ、文書化した情報として保持しなければならない。

9 パフォーマンス評価

9.1 モニタリング、測定、分析及び評価	9.1.1 一般	①	組織は、次の事項を決定しなければならない。
			a) モニタリング及び測定が必要な対象;
			b) 該当する場合には、必ず、妥当な結果を確実にするための、モニタリング、測定、分析及び評価の方法;
			c) モニタリング及び測定の実施時期;
			d) モニタリング及び測定の結果の、測定、分析及び評価の時期:
		②	組織は、これらの結果の証拠として、適切な文書化した情報を保持しなければならない。
		③	組織は、FSMSのパフォーマンス及び有効性を評価しなければならない。
	9.1.2 分析及び評価	①	組織は、PRPs及びハザード管理プラン（8.8及び8.5.4参照）に関する検証活動、内部監査（9.2参照）並びに外部監査の結果を含めて、モニタリング及び測定からの適切なデータ及び情報を分析し、評価しなければならない。
		②	分析は、次のために実施しなければならない:
			a) システムの全体的なパフォーマンスが、計画した取り決め及び組織が定めるFSMSの要求事項を満たしていることを確認する;
			b) FSMSを更新又は改善する必要性を特定する;
			c) 安全でない可能性がある製品又は工程の逸脱のより高い発生率を示す傾向を特定する;
			d) 監査される領域の状態及び実施に関する内部監査プログラムの計画のための、情報を確立する:

第12章

第12章 振返り

条項番号		ISO 22000：2018 要求事項	文書（規定・手順・標準・掲示板など）	記録（日報・ノートなど）	文書や記録はないが社内で実施（活動）していること	社内ルールの補足説明
9.2 内部監査	e)	修正及び是正処置が効果的であるという証拠を提供する。				
	③	分析及び評価の結果とられた活動は、文書化した情報として保持されなければならない。				
	④	その結果はトップマネジメントに報告され、マネジメントレビュー（9.3参照）及びFSMSの更新（10.3参照）へのインプットとして使用されなければならない。				
	注記	データを分析する方法には、統計的手法が含まれ得る。				
9.2.1	①	組織は、FSMSが次の状況にあるか否かに関する情報を提供するために、あらかじめ定めた間隔で内部監査を実施しなければならない：				
	a)	次の事項に適合している： 1) FSMSに関して、組織が規定した要求事項： 2) この規格の要求事項：				
	b)	有効に実施され、維持されている。				
9.2.2	①	組織は、次に示す事項を行わなければならない：				
	a)	頻度、方法、責任、計画要求事項及び報告を含む、監査プログラムの計画、確立、実施及び維持。監査プログラムは、関連するプロセスの重要性、FSMSの変更、及びモニタリング、測定並びに前回までの監査の結果を考慮に入れなければならない：				
	b)	各監査について、監査基準及び監査範囲を定める：				
	c)	監査プロセスの客観性及び公平性を確保するために、力量のある監査員を選定し、監査を実施する：				
	d)	監査の結果を食品安全チーム及び関連する管理層に報告することを確実にする：				
	e)	監査プログラムの実施及び監査結果の証拠として、文書化した情報を保持する：				
	f)	合意された時間枠内で、必要な修正を行い、かつ、是正処置をとる：				
	g)	FSMSが、食品安全方針の意図（5.2参照）及びFSMSの目標（6.2参照）に適合しているかどうかを判断する。				
	②	組織によるフォローアップ活動には、とった処置の検証及び検証結果の報告を含めなければならない。				
	注記	ISO19011は、マネジメントシステムの監査に関する指針を示している。				

9.3 マネジメントレビュー	9.3.1 一般	①	トップマネジメントは、組織のFSMSが、引き続き、適切、妥当かつ有効であることを確実にするために、あらかじめ定められた間隔で、FSMSをレビューしなければならない。
	9.3.2 マネジメントレビューへのインプット	①	マネジメントレビューは、次の事項を考慮しなければならない：
			a) 前回までのマネジメントレビューの結果にとった処置の状況；
			b) 組織及びその状況の変化（4.1参照）を含む、FSMSに関連する外部及び内部の課題の変化；
			c) 次に示す傾向を含めた、FSMSのパフォーマンス及び有効性に関する情報： 1) システム更新活動の結果（4.4及び10.3参照） 2) モニタリング及び測定の結果； 3) PRPs及びハザード管理プラン（8.8.2参照）； 4) 不適合及び是正処置； 5) 監査結果（内部及び外部）； 6) 検査（例えば、法律に基づくもの、顧客によるもの）； 7) 外部提供者のパフォーマンス； 8) リスク及び機会並びにこれらに取り組むために取った処置の有効性のレビュー（6.1参照）；
			d) 資源の妥当性；
			e) 発生したあらゆる緊急事態、インシデント（8.4.2参照）又は回収／リコール（8.9.5参照）；
			f) 利害関係者からの要望及び苦情を含めて、外部（7.4.2参照）及び内部（7.4.3参照）のコミュニケーションを通じて得た関連情報；
			g) 継続的改善の機会。
		②	データは、トップマネジメントが、FSMSの表明された目標に情報を関連付けられるような形で提出しなければならない。
	9.3.3 マネジメントレビューからのアウトプット	①	マネジメントレビューからのアウトプットには、次の事項を含めなければならない：
			a) 継続的改善の機会に関する決定及び処置；
			b) 資源の必要性及び食品安全方針並びにFSMSの目標の改訂を含む、FSMSのあらゆる更新及び変更の必要性。
		②	組織は、マネジメントレビューの結果の証拠として、文書化した情報を保持しなければならない。

10 改善

10.1 不適合及び是正処置	10.1.1	①	不適合が発生した場合、組織は、次の事項を行わなければならない：
			a) その不適合に対処し、該当する場合には、必ず、次の事項を行う： 1) その不適合を管理し、修正するための処置をとる； 2) その不適合によって起こった結果に対処する；

第12章

301

条項番号		ISO 22000：2018 要求事項	文書（規定・手順・標準・掲示板など）	記録（日報・ノートなど）	文書や記録はないが社内で実施（活動）していること	社内ルールの補足説明
10.1.2	b)	その不適合が再発又は他のところで発生しないようにするため、次の事項によって、その不適合の原因を除去するための処置をとる必要性を評価する： 1）その不適合をレビューする； 2）その不適合の原因を明確にする； 3）類似の不適合の有無、又は発生する可能性を明確にする：				
	c)	必要な処置を実施する；				
	d)	とったあらゆる是正処置の有効性をレビューする；				
	e)	必要な場合には、FSMSの変更を行う。 是正処置は、検出された不適合のもつ影響に応じたものでなければならない。				
	④	組織は、次に示す事項の証拠として、文書化した情報を保持しなければならない：				
	a)	その不適合の性質及びそれに対してとったあらゆる処置：				
	b)	是正処置の結果				
10.2 継続的改善	①	組織は、FSMSの適切性、妥当性及び有効性を継続的に改善しなければならない。				
	②	トップマネジメントは、コミュニケーション（7.4参照）、マネジメントレビュー（9.3参照）、内部監査（9.2参照）、検証活動の結果の分析（8.8.2参照）、管理手段及び管理手段の組合せの妥当性確認（8.5.3参照）、是正処置（8.9.3参照）及びFSMSの更新（10.3参照）の使用を通じて、組織がFSMSの有効性を継続的に改善することを確実にしなければならない。				
10.3 食品安全マネジメントシステムの更新	①	トップマネジメントは、FSMSが継続的に更新されることを確実にしなければならない。これを達成するために、食品安全チームは、あらかじめ定めた間隔でFSMSを評価しなければならない。				
	②	食品安全チームは、ハザード分析（8.5.2参照）、確立したハザード管理プラン（8.5.4参照）及び、確立したPRPs（8.2参照）のレビューが必要かどうかを考慮しなければならない。				
	③	更新活動は、次の事項に基づいて行わなければならない： a) 内部及び外部コミュニケーションからのインプット（7.4参照）： b) FSMSの適切性、妥当性及び有効性に関するその他の情報からのインプット：				

c)	検証活動の結果の分析からのアウトプット (9.1.2参照) :
d)	マネジメントレビューからのインプット (9.3参照) :
④	システム更新の活動は、文書化した情報として保持され、マネジメントレビューへのインプット (9.3参照) として報告されなければならない。

第12章 振返り

　規格要求事項の把握に不安のある監査員は、各プロセス（業務の機能）単位で要求事項との関連を明確にすると、監査すべき個所がもう少し明確になります。

　図表12-8に示すようにマトリックスを作成して、関連する要求事項に焦点を絞る方法です。

図表12-8　ISO22000：2018の規格要求事項と組織の機能一覧表

T.M.=トップマネジメント、FSTL=食品安全チームリーダー、FST=食品安全チーム、部署は機能を示している。

	ISO22000：2018		T.M.	FSTL	FST	製造	購買	研究	倉庫	工務	品管	品証
4章	4	組織の状況（表題のみ）										
	4.1	組織及びその状況の理解	○									
	4.2	利害関係者のニーズ及び期待の理解	○									
	4.3	食品安全マネジメントシステムの適用範囲の決定	○	○								
	4.4	食品安全マネジメントシステム	○									
5章	5	リーダーシップ（表題のみ）										
	5.1	リーダーシップ及びコミットメント	○									
	5.2	方針	○									
	5.3	組織の役割、責任及び権限	○									
6章	6	計画（表題のみ）										
	6.1	リスク及び機会への取り組み	○	○	○							
	6.2	食品安全マネジメントシステムの目標及びそれを達成するための計画策定	○	○	○							
	6.3	変更の計画	○	○	○							
7章	7	支援（表題のみ）										
	7.1	資源（表題のみ）										
	7.1.1	一般	○	○	○							
	7.1.2	人々	○	○	○							
	7.1.3	インフラストラクチャ	○									
	7.1.4	作業環境	○									
	7.1.5	外部で開発された食品安全マネジメントシステムの要素		○								
	7.1.6	外部から提供されるプロセス、製品及びサービスの管理	○	○	○							
	7.2	力量	○	○	○	○	○	○	○	○	○	○
	7.3	認識	○	○	○	○	○	○	○	○	○	○
	7.4	コミュニケーション	○	○	○	○	○	○	○	○	○	○
	7.4.1	一般	○	○	○	○	○	○	○	○	○	○
	7.4.2	外部コミュニケーション	○	○	○	○	○	○	○	○	○	○

		ISO22000：2018	T.M.	FSTL	FST	製造	購買	研究	倉庫	工務	品管	品証
	7.4.3	内部コミュニケーション	○	○	○	○	○	○	○	○	○	○
	7.5	文書化した情報（表題のみ）										
	7.5.1	一般		○	○							
	7.5.2	作成及び更新		○	○							
	7.5.3	文書化した情報の管理		○	○							
	8	運用（表題のみ）										
	8.1	運用の計画及び管理		○	○							
	8.2	前提条件プログラム			○	○	○	○	○	○	○	○
	8.3	トレーサビリティシステム			○	○		○			○	○
	8.4	緊急事態への準備及び対応（表題のみ）										
	8.4.1	一般	○									
	8.4.2	緊急事態及びインシデントの処理		○	○							
	8.5	ハザードの管理（表題のみ）										
	8.5.1	ハザード分析を可能による予備段階（表題のみ）										
	8.5.1.1	一般		○	○							
	8.5.1.2	原料、材料及び製品に接触する材料の特性		○	○							
	8.5.1.3	最終製品の特性		○	○							
8章	8.5.1.4	意図した用途		○	○							
	8.5.1.5	フローダイアグラム及び工程の記述		○	○							
	8.5.1.5.1	フローダイアグラムの作成		○	○							
	8.5.1.5.2	フローダイアグラムの現場確認		○	○							
	8.5.1.5.3	工程及び工程の環境の記述		○	○							
	8.5.2	ハザード分析（表題のみ）										
	8.5.2.1	一般		○	○							
	8.5.2.2	ハザードの特定及び許容水準の決定		○	○							
	8.5.2.3	ハザード評価		○	○							
	8.5.2.4	管理手段の選択及びカテゴリー分け		○	○							
	8.5.3	管理手段及び管理手段の組合せの妥当性確認		○	○							
	8.5.4	ハザード管理プラン（HACCP/OPRPプラン）（表題のみ）										
	8.5.4.1	一般		○	○							
	8.5.4.2	許容限界及び処置基準の決定		○	○							
	8.5.4.3	CCPsにおける及びOPRPsに対するモニタリングシステム		○	○	○						
	8.5.4.4	許容限界又は処置基準が守られなかった場合の処置		○	○	○						
	8.5.4.5	ハザード管理プランの実施				○						

	ISO22000：2018	T.M	F S T L	F S T	製造	購買	研究	倉庫	工務	品管	品証
8章	8.6	PRPs及びハザード管理プランを規定する情報の更新		○	○							
	8.7	モニタリング及び測定の管理		○	○	○					○	○
	8.8	PRPs及びハザード管理プランに関する検証（表題のみ）										
	8.8.1	検証		○	○							
	8.8.2	検証活動の結果の分析		○	○							
	8.9	製品及び工程の不適合の管理（表題のみ）										
	8.9.1	一般		○	○							
	8.9.2	修正		○	○							
	8.9.3	是正処置		○	○							
	8.9.4	安全でない可能性がある製品の取扱い（表題のみ）										
	8.9.4.1	一般		○	○						○	○
	8.9.4.2	リリースのための評価		○	○						○	○
	8.9.4.3	不適合製品の処理		○	○						○	○
	8.9.5	回収/リコール	○	○							○	○
9章	9	パフォーマンス評価（表題のみ）										
	9.1	モニタリング、測定、監視、分析及び評価（表題のみ）										
	9.1.1	一般		○	○							
	9.1.2	分析及び評価	○	○								
	9.2	内部監査（表題のみ）	○	○								
	9.3	マネジメントレビュー（表題のみ）										
	9.3.1	一般	○									
	9.3.2	マネジメントレビューへのインプット		○								
	9.3.3	マネジメントレビューからのアウトプット	○									
10章	10	改善（表題のみ）										
	10.1	不適合及び是正処置（表題のみ）		○	○							
	10.2	継続的改善	○	○	○							
	10.3	食品安全マネジメントシステムの更新	○									

5 内部監査実施上の注意点

内部監査実施上の注意点を以下に列挙します。

(1) 準 備

- 内部監査の手順を作成して、内部監査員と被監査側にも周知しておくことは必須
- 監査所見の定義と是正処置を実施するルールを明確にしておく
- 内部監査員の資格要件を決めておく
- 監査チームの役割を前もって決めておく
- 事前の打ち合わせが大事であり、過去の指摘の傾向も把握しておく
- 被監査部門の監査する計画書作成前に、必要な情報を十分に整理しておく
- 監査部門の業務内容、使用している文書をよく読んでおく

(2) 監査実行

① コミュニケーションが重要

監査では、被監査者の言う内容を聴くのが9割です。コミュニケーション能力がベースになります。監査員1：被監査者9の割合で話をするようにします。また、監査員は意味のある質問をして、被監査者の話を注意深く聴くことに徹底します。

皆さんの会社では、「○○をしていますか？」「はい、やっています」——こういったやり取りだけで内部監査が終わっていないでしょうか。監査のことを英語で「audit」と言いますが、もともとは「人の話を聴く」という意味です。つまり、監査では人の話を聴くことに時間の9割を当てることが大切です。そのためには、相手がしゃべりやすいような質問をしなければなりません。監査員がしゃべり過ぎる

第12章　振返り

図表12-9　知識及び技能 ― ISO19011：2011―

マネジメントシステム監査員の共通の知識及び技能

- ・監査の原則、手順及び方法
- ・マネジメントシステム及び基準文書
- ・組織の概要
- ・適用される法的及び契約上の要求事項
- ・被監査者に適用されるその他の要求事項

と、相手が引いてしまいます。すると、間ができるので、監査員が間を埋めるためにさらにしゃべるという悪循環に陥ります。

　相手にしゃべらせる質問ができないということはコミュニケーション能力が低いということですから、相手に伝えるためのトレーニングが必要です。

　著者がコミュニケーションの研修によく使うのは、パイロットとキャビンアテンダントの意思疎通のために考え出されたトレーニングです。パイロットとキャビンアテンダントは、仕切りで相手の顔を見えないような状態で座ります。声は聞こえるので、一方が伝える内容を教えてもらい、それを口頭で相手に伝えます。もう1人は、その話を聞いて内容を図に描きます。一種の伝言ゲームのようなものです。このトレーニングで正しい図を描けるチームは、わからないことがあると、ちゃんと相手に確認を取っています。しかし、一方的に説明する人や、相手に質問せずに思い込みで図を描いている人がいるチームは、全然異なる内容の図を描いてしまいます。

　やはり、相手に正しく伝えるためには、インフォメーションをただ流せばいいというものではなく、やはりコミュニケーションが大事なことがわかります。パイロットとキャビンアテンダントの場合、意思疎通がうまくできなければ乗客の命に関わるので、常日頃こうしたト

レーニングをしているわけです。

監査はコミュニケーションのスキルがベースです。それが身に付いていないと、監査はうまくいきません。

② 監査の「適合性」と「有効性」：適合性をしっかりみるのが先

監査には2つの側面があります。1つは適合性をみること、もう1つは有効性をみることです。

ISOマネジメントシステムを導入したばかりなのに、最初の内部監査から有効性をみようとする組織がありますが、それは二の次です。まずは、会社で決めたルールや規格要求事項に適合しているかどうかをしっかりとみるべきです。著者は、適合性監査には3〜5年ほどかけてもよいと考えています。適合性をしっかりみれなければ、有効性をみることはできません。

組織の内部監査報告書を見ると、「こうすればもっとよくなります」ということがよく書いてあります。それを書くこと自体は構わないのですが、それは「指摘」なのか、あるいは「意見」なのか、そこが曖昧になってはいけません。監査でなく、「モノ申す会」になっていないでしょうか。

著者が審査員として組織を訪問したときも、適合性をみた上で、よほど「効率が悪い」と思うものでなければ、「改善の機会」を出したりはしません。なぜなら、それは組織にとって余計なお世話になってしまうことがあるからです。外部監査も適合性がベースです。

意見として言いたい場合は、内部監査とは別の時間で言えばいいのではないでしょうか。内部監査は適合か否かをみる時間なので、その時間で意見を述べるのはもったいないでしょう。肝心要である適合性のチェックを棚に上げて、「いい意見がたくさん出た。いい内部監査だった」とごまかしてはなりません。また、内部監査で気を付けたいのは、たとえ被監査先が社内の人間であっても、礼節を忘れないことです。

たとえば、監査終了後に、被監査先に対して「ありがとうございま

した」ときちんと挨拶することなどです。オープニングでの朝の挨拶が、「オッス！　じゃあ、始めますか」と言って、いきなり監査に入る監査員がいます。あるいは、クロージングで「あそこ、ちゃんと直しといてね」と口頭で伝える監査員がいます。中には「これをやってくれたら、この指摘は引っ込める」といった交渉までやる人がいます。これでは監査の体を成していません。たとえ相手が同僚であっても、内部監査のときには、きちんとメリハリを付けて対応しましょう。

　すべての要求事項（規格が要求している箇条4～10について）を対象として内部監査を実施していることが不可欠です。トップマネジメントの内部監査も忘れないようにしてください。

③ 監査の基本

　要求事項（監査基準＝ルール）と実態（監査中に得られる証拠）を比較して評価することが監査の基本原則です。

- 要求事項（規格が要求している。法的規制要求事項。顧客と合意している要求事項。社内で決めたルール）にないことを求めない
- 不適合が存在するための要求事項、不履行、証拠の3点セットを常に意識して監査する
- 被監査者がスムーズに答えられない場合は、自分の質問の意図が伝わっていないと考えるべきである
- 質問の先に「何を導き出したいか」を意識しておく
- インタビューは、活動を管理、実施および検証する従業員にす

図表12-10　監査の基本

・監査：基準（ルール）と実態の差異を確認する

・監査員は、監査基準を把握していなければ監査できない

ることが原則

- 相手をリラックスさせる、適切に褒めるときも、おもいやりを持つ
- 休みなく質問することはNG
- システムの監査のため個人に対する評価や攻撃は慎む
- 質問内容を説明すると答えやすい
- 質問に答える時間をとる
- 議論をしない
- 引っかける質問、曖昧な質問をしない
- オープン・クエスチョン（5W1H）での質問を意識する
  「何を？ What？」「どこで？ Where？」「いつ？ When？」
  「どのように？ How？」「何故？ Why？」「誰が？ Who？」
- 現場の観察には、識別、状況、条件、プロセス、設備、活動、環境および従業員を対象とする
- 事実だけを対象とする。客観性重視に留意する

（3）証拠の記録

得られた証拠は、きちんと記録しておくことです。

- 不適合が発生するリスクや重要性によって、サンプリングのレベルを決める
- 重要な領域（例：重要な顧客からの要求）などの管理の適合性を確認する場合は、サンプリング規模を大きくする
- 代表的なサンプルを選び、それをレビューする
- 不適合を見つけようとして、多くのサンプルをとると、時間を浪費してしまう
- もしサンプルによって問題が発見されたら、その問題は単独か広範囲かを判断するために、サンプリングをいくつか行う
- 十分な証拠を得たら、サンプルをとることを止める
- 内部監査には、自分が監査員や被監査者ではなくても、積極的

第12章　振返り

に参加する

- チェックリストのチェック項目については、以下に留意する
  - チェック項目はすべての質問事項を網羅していない（チェック項目以外での質問はある）
  - すべてのチェック項目を質問しなくてもよいこともある
  - チェックリストを埋めることに重点を置かず、弾力的に活用する
- 監査の時間は厳守する

(4) 報　告

- 監査チームは、前もって十分な打合わせをしてからクロージングミーティングに臨む
- 曖昧な報告はしない
- 誰が読んでもわかるような表現を心掛けて、報告書に記載する

6 内部監査自体のレビュー

(1) お互いの監査を評価し合い、内部監査のPDCAを回す

　著者は内部監査員研修において、受講生によく「貴社における内部監査の課題は何ですか？」という質問を最初に投げ掛けます。すると、「監査が形骸化している」「監査員によって指摘内容にバラツキがある」など、さまざまな課題が出てきます。こうした課題があるということは、まだそれを解決するしくみが社内にないことになります。内部監査の中でしっかりとPDCAを回して、課題解決に取り組みましょう。とくにCAです。監査をやる以上は、監査後にその内容をチェックして、改善しなければなりません。

　監査のどこが問題なのかを見つけるためのもっとも良い方法は、人

が監査している場に同席して、その監査から学びを得ることです。どのような監査でも、良い点と悪い点が必ずあります。著者はロールプレイ研修のときに、受講生に対して「皆さん、この人の監査を見て、良かった点と悪かった点を1点ずつあげてください」と言います。ただ、漫然と他人の監査を見るのではなく、何か気付きがあるように見てもらうのです。悪かった点をあげた後は、どこを改善すればよいかも述べてもらいます。それがきちんと言える人は、トレーニングされている人です。

このように、お互いの内部監査を評価し合うと、他人の内部監査を見ることで学べますし、評価された側にとっても、自分の監査の良い点、悪い点、悪い点への改善アドバイスが聞けるのでたいへん勉強になります。同様のしくみを皆さんの会社でも考えてみてはどうでしょうか。これによって、内部監査のPDCAを回すことができます。

(2) 内部監査員のスキルアップ

マネジメントシステムを維持していくために不可欠な内部監査の精度は重要です。これが成功の秘訣であると言っても過言ではありません。それらの理由から内部監査自身にもPDCAサイクルを回すことが必要です。

そこで、内部監査員のスキルアップが求められます。外部機関が行っている内部監査員の研修に参加して実践を磨くのもいいでしょう。ただ、外部研修に多くの人が参加するのは困難です。そこで、社内でトレーニングする方法を紹介します。

① 反省会をする

監査チームは事前に打ち合わせをしています。そこで、終了後もミーティングを開催して、振り返ることが次につながります。

- 監査目的が達成されたか
- 監査する範囲は適切であったか
- 監査する基準は明確であったか

もう少し具体的にいうと、次のようになります。
- 監査で改善するべき傾向がつかめたか
- 監査時間の配分と実際に差がなかったか
- 監査する前の準備で、確認するべき個所が明確になっていたか

② 監査以外の監査員は、オブザーバーとして積極的に参加する

　社内で行われている監査は、多くを学ぶ機会になります。とくにベテラン監査員の監査の進め方、インタビューのやり方、証拠収集の質や量などを見聞きして習得することが近道になります。ただし、発言はしないことが原則です。

7 内部監査で発見された不適合事項の改善

　真っ先に行うのは修正です。不適合または不適合になる可能性がある案件に対して、適合の状態に軌道修正するのです。

　そのためには、どの要求事項に対して不適合または不適合になる可能性があるのかを理解しなければなりません。ここで問われることが、正しい要求事項の理解となるわけです。

　次に、是正処置です。原因は何かをストレートに考えてください。ここで使える技法が図表12-11の横軸のPDCAと縦軸の4Mのマトリックスです。このマトリックスでどの面に原因があったのか焦点を当てることです。

　次は、対策です。ここで使えることは、図表12-11のマトリックスで×になった点について5W1Hにスポットライトをあててください。

　不明瞭だったことを明確にすることで対策立案は容易になります。

　最後は、類似点を総点検することです。社内に水平的な展開をすることを忘れないでください。

図表12-11　原因特定のコツ

	ルール	実行	点検	改善
施設・機械消耗部品	●	●	●	×
原料・包材	●	●	▲	×
手順	▲	●	×	×
担当者	●	●	▲	×

図表12-12　5W1Hでチェック

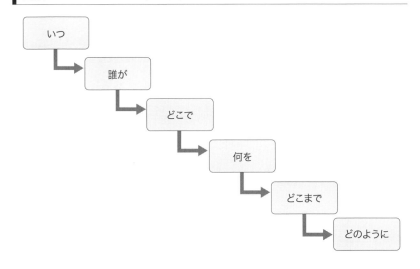

8　マネジメントレビューの進め方

　マネジメントレビューは、トップマネジメントがイニシアチブを持って実施しますが、それには必要な情報を整理して提供（インプット）することから始まります。

　規格には次のように表現しています。

第12章 振返り

- 前回までのマネジメントレビューの結果にとった処置の状況：
- 組織及びその状況の変化（4.1参照）を含むFSMSに関連する外部及び内部の課題の変化：
- 次に示す傾向を含めた、FSMSのパフォーマンス及び有効性に関する情報：
  - システム更新活動の結果（4.4及び10.3参照）
  - モニタリング及び測定の結果：
  - PRPs及びハザード管理プラン（8.8.2参照）：
  - 不適合及び是正処置：
  - 監査結果（内部及び外部）：
  - 検査（たとえば法律に基づくもの、顧客によるもの）：
  - 外部提供者のパフォーマンス：
  - リスク及び機会並びにこれらに取り組むためにとられた処置の有効性のレビュー（6.1参照）：
- 資源の妥当性：
- 発生したあらゆる緊急事態、インシデント（8.4.2参照）または回収／リコール（8.9.5参照）：
- 利害関係者からの要望及び苦情を含めて、外部（7.4.2参照）及び内部（7.4.3参照）のコミュニケーションを通じて得た関連情報：
- 継続的改善の機会

データは、トップマネジメントが、FSMSの表明された目標に情報を関連付けられるような形で提出しなければなりません。

ここで注意しなければならない点は、マネジメントレビューという名称でこそなかったものの、従来から会議体を使用して上記を共有していた場合です。その内容を重複してインプットする必要はありませんが、もし不足しているならば補っておく必要があります。つまり、従前の会議を利用するならば、議題に設定しておく方法もあります。

これらの情報提供（インプット）に対する指示命令（アウトプット）が当然必要になります。

- 継続的な改善の機会に関する決定及び処置：
- 資源の必要性及び食品安全方針並びには、もともとの目標の改定を含む、FSMSのあらゆる更新及び変更の必要性

　要約した趣旨の要求事項で表現されているので、明確にするためには、インプット項目に対して1つひとつアウトプットする方法もよいでしょう。つまり、インプット項目と対比しながらまとめる方法も例としてあります。

第**13**章

改善と更新

食品安全マネジメントシステムでは、改善に必要な事項を明確にしておき、システムを更新して最適な状態にすることが大切です。

第13章 改善と更新

 改善を必要とする項目の明確化

　マネジメントシステムの改善に必要な事項を明確にしておくと、PDCAのスパイラルが回りやすくなります。
　以下にその例を示します。

- マネジメントレビューにおけるトップマネジメントからのアウトプット（指示内容）
- 内部監査でのすべての指摘事項に対する修正と是正処置の完了
- 食品安全目標の達成度合いに対する課題
- HACCPプラン／OPRPプランのモニタリング結果からの課題
- PRP運用できていなかった点
- PRPの検証結果からの課題（成果が出ていない項目の洗い出し）
- あらゆる不適合に対する是正処置の完了
- 4M変動に対する管理手段の遂行力
- 必要と社内で判断した文書の整備状況
- 記録維持状態（保管と検索能力も含む）
- トレーサビリティの精度と回収演習からの課題
- 求められている力量に対しての従業員教育・訓練の成果
- 測定機器の校正結果からの課題
- クレーム発生の傾向からの課題
- 工程内不適合発生の傾向と対策の実施状況
- 原材料、包材の不適合処置と対策などの課題解決
- 保守保全活動の効果と対応策の策定
- 検証活動の結果の分析と評価からの課題について
- 最終製品の安全性に関する管理手段の組み合わせの妥当性確認
- 外部監査から見えてきた弱点

2 マネジメントシステムを更新する機会とその方法

FSMSの更新は、文書や記録フォームの改定だけに留まりません。システムの更新とは、その企業にとって最適な状態に持っていくことです。

- トップマネジメントが判断するFSMSの有効性（有効に働くしくみになっているか）と適切性（その組織にとって実現可能な状態になっているか）からの更新
- トップマネジメントからの指示に沿った更新
- 食品安全チームが定期的に評価した結果によってFSMSが更新
- ハザード分析（新たなハザードや4M変更点からの管理手段、ハザードの評価）の更新
- HACCPプラン／OPRPプラン内容とレビューの必要性からの更新
- 内部・外部コミュニケーションからの情報からの更新
- 検証活動の結果の分析と評価からの更新

更新を、食品安全チームが実際にどこから行うかの内容について、下記に整理しました。

- 適合が実証されない場合の処置のレビューから
- 既存の手順、コミュニケーション経路の再検討から
- ハザード分析、オペレーションPRP、HACCPプランの見直しから
- PRPの見直しから
- 教育・訓練活動の有効性から
- 安全でない可能性のある製品の発生傾向から
- 修正・是正処置が有効でなかったことから

第13章 改善と更新

- 記録されたマネジメントレビューから

第**14**章

外部監査（審査）と
認証

ISO22000では、最終的には第三者機関で監査を受けて認
証を得ることができます。実際に監査を受ける際の準備、監
査による指摘と是正処置・改善の仕方、認証維持の注意点、
定期監査と更新監査について解説します。

認証監査を受ける姿勢についての注意点

　まず、監査（審査、以後監査という）と認証は、意味がまったく異なります。
　監査は、内部監査でも触れたように、組織のシステムが正常に機能しているかどうかを確認して、必要に応じて改善することを見出すことです。
　一方認証は、ある行為、文書の成立・記載などが正当な手続きでなされたことを、公の機関が証明することにあるので、食品安全マネジメントシステムがISO22000：2018の規格に適合していることを証明することになります。それが認証書に該当します。つまり、認証書が持つ意味は、「この組織は、ISO2200：2018の基準に沿って食品安全マネジメントシステムが適切であること」を皆さんになり替わって社会に公開するものになります。その意味ではたいへん責任が重く、重大な役割を担っているといえるでしょう。監査を受けて厳しいと感じたら、この重大さと厳格さが求められていることを思い出してください。

(1) 外部監査

　通常、第三者の機関で監査を受けて認証を得る場合、最初は初回監査、1年ごとに定期監査を2回繰り返し、3年目に更新するシステムとなっています。
　このときの監査時間（監査工数）は、ISO／TS 22003：2013という規格で決まっています。監査の時間の長短を決めているのは、すべてこの規格で決定されているわけです。
　監査は力量が認められた監査員によって実施されます。この力量とは、監査員としての資質と産業分野に関する最低限度の知識です。監

査員が実際にその業種を経験していることはマレです。したがって、組織の業務を知らないということを前提に説明するとよいでしょう。その際のコツは、業務の目的を説明することです。つまり、なぜそのようにしているかです。

また、監査で実態を外部の第三者が判断（要求事項に対する実態を比較・判定する）することになるので、指摘をムリに回避するようなことは、すべきではありません。

ただし、監査員の誤認もないわけではありません。そこで当然、事実の違う場合には、訂正して納得してもらうことが正しい選択です。

なお、監査員からの指摘について考慮すべきは、修正と是正処置の考え方を取り入れることです。

最後に、監査機関の選択も重要です。何を求めるかにもよりますが、認証機関選択のポイントは、監査員の力量と認証プロセスの効果で認証機関を評価することです。

（2）認証機関の選択

現在国内には25の認証機関がISO22000の認証を行っています。どのようにして認証機関を選択すればよいのでしょうか。

第三者認証とは、認証を受けようとする会社が、ISO22000の要求事項に適合していることを、第三者である認証機関の監査を通じて評価されることです。第三者認証は、購買者が取引の際の供給者評価に利用することが多くなってきていますし、ステークホルダーからの要望もますます強くなってきています。したがって、監査する認証機関に対する信頼性（たとえば、グローバルで幅広く信頼されている認証機関であるかどうかなど）を考慮する必要があるでしょう。

一方、マネジメントシステム認証は、認証がゴールではなく、継続的改善のためのツールとしての利用が期待されています。したがって、マネジメントシステム規格の適合性だけでなく、たとえば、改善指標の評価や監査を通じた改善の機会の特定についての力量も、認証

325

機関に求められています。

認証機関の選択でもっとも重要なポイントは、監査員の力量と認証プロセスの効果について、認証機関を評価することではないでしょうか。たとえば、信頼でき、かつ継続的改善に寄与できる監査員を一貫して提供するために、認証機関がどのような取組みをしているかについて質問して、比較してみるとよいでしょう。また、認証プロセスの効果に関して、監査に対する考え方、監査のアプローチの方法、報告書について認証機関に質問して、会社の継続的発展に寄与するかを評価してもよいでしょう。

認証機関を選定するにあたっては、さまざまな認証機関の話を聞くことが大切です。これらを参考にして、価格や認証登録の容易さだけでなく、認証を通じた継続的改善によって会社の発展に寄与できるという観点から、責任感のある認証機関を選択するとよいでしょう。とくに、監査と認証費用が高い・安いというコスト判断は、誤った判断をすることにもつながるので留意してください。

2 第1段階監査の準備に必要な事項

第1段階監査の目的を理解しておく必要があります。

監査（審査）機関によって若干の違いはありますが、監査員から送付される監査計画書に記載してあります。大きく区別すると、次の3つの要素があります。

① PDCAとの関係

- PDCAのPの部分で、食品マネジメントシステムの全体的な計画が構築されているかどうかです。そこで、規格が要求している必要な文書や記録が存在しているかになります
- PDCAのCの部分で、内部で監査（内部監査）して要求事項の適

合を確認しているかどうかです
- PDCAのAの部分で、マネジメントレビューを実施して改善すべき事項を記録に残しているかどうか、内容を確認します

② **人を見る**

2点目は、食品安全マネジメントシステムを構築・運用している皆さんのところに会いに来る、つまり、人を見に来るわけです。そこで、積極的に監査に参加することが極めて大事です。

③ **監査場所の環境確認**

3点目は、監査場所の環境を確認します。工場全体のレイアウト、倉庫の規模、製造工程の複雑さ、そこに関わる従業員の数や作業内容などを現地で確認して、第2段階の監査計画書に反映させています。

これらの目的に沿って、初回第1段階監査を受け入れる準備をするとよいでしょう。

監査前に監査員から「……の資料をご準備しておいてください」という連絡もありえます。もし、不明な点があれば、監査員に連絡して確認しておくとよいでしょう。

3　第1段階／第2段階監査での指摘と是正処置及び改善の仕方

指摘事項に対して、修正と是正処置をすることが基本です。この内容については、240～241ページに述べたとおりです。

ここでは、なぜ内部監査で発見できなかったのかについて真剣に検討しておく必要があります。この検討によって、次の内部監査はもっと充実した内容になるからです。

マネジメントシステムの監査は、PDCAのエンジンが回っていることを観察するものですから、現場の不具合を指摘するのが目的ではありません。指摘されたことは、あくまで「このような不具合がある」

というサンプルです。その本質をとらえて、どのエンジンが不足しているのかを検討するべきです。

現場の不具合を直すことは修正であり、それに対して是正処置とは、その原因は何にあったかをつきとめることです。ここをスキップしないことが、マネジメントシステムを利用する最大の価値につながります。

認証維持の注意点

初回監査以降の定期監査では、認証の維持が可能かについての確認をします。

まず、認証範囲です。認証書に記載してある内容について変更する事項があった場合は、監査員に伝えておきましょう。具体的には、認証書に記載がない製品群を記載したい場合には、新たに監査の対象を広げても、食品安全マネジメントシステムが計画どおりの運用で適切か、または有効かを確認することになります。大きな変更点とは、このような状態と捉えるとよいでしょう。

その他の小さい変更点は、たとえば食品安全方針の変更、食品安全チームリーダーの変更などが該当します。

一方、管理している文書や記録などの内容については、監査時間中に詳細な説明をすればよいでしょう。監査食品マネジメントシステム計画の変更点の確認をします。

マネジメントシステムに対する内部監査とマネジメントレビューで評価改善すべき項目が明確になっているか、また、不適合を修正したことで適合になった状態なので、その運用を確認します。

また、不適合までには至らなかった観察事項（監査機関によっては別の監査所見もある）をどのように対処しているかを確認します。

しかし、前回の監査で指摘され、是正処置として対策を講じているにもかかわらず、何も対応できていないケースもあります。このような場合は、新たな不適合になる可能性があるので、きちんと対応していることについて、組織は確認しておくことが大切です。

5 定期監査と更新監査の違い

　定期監査は、1年ごとの同時期に実施します。前述したとおり、認証維持の確認が主目的です。

　一方、更新監査は、いわゆる認証書の期限が切れる3年目に実施します。このときには、すべてのプロセスについて確認することになるので、監査工数も大きくなります。初回監査の第2段階の規模を想定するとよいでしょう。

　以上のように、事前の内部監査であっても、すべてのプロセス、すべての機能を監査対象としておかなければなりません。

MEMO

MEMO

MEMO

MEMO

【著者プロフィール】
山口 秀人 (やまぐち・ひでひと)

山口フードコンサルティング株式会社 代表取締役。1956年 水戸市生まれ。北海道の大学卒業後に乳業メーカーで品質管理、製造、エンジニアリング部門に従事し、HACCP手法を導入する。その後、総合食品メーカーを経て、日本コカ・コーラで日本全国のボトラー工場のHACCPやFSSC22000構築・運用の支援を行う。ISO22000、FSSC22000、ISO9001の審査員となり、2012年に山口フードコンサルティングとして独立。多数の審査実績を持つ。また、GFSI Japanの2つのテクニカル・ワーキンググループ、一般社団法人日本能率協会の専任講師、一般財団法人食品産業センターのHACCP普及啓発等実施検討委員会委員と作業部会委員としても活躍。現在は、ISO審査員のかたわら、研修講師やコンサルティングにも従事している。『FSSC22000＆HACCP基本と実践コース』通信教育（日本能率協会マネジメントセンター）など執筆多数。

http://yamaguchi-food.com

ISO22000：2018 構築と運用の進め方
規格の解釈から実践まで

2019年6月30日　初版第1刷発行

著　者——山口　秀人
　　　　　Ⓒ2019 Hidehito Yamaguchi
発行者——張　士洛
発行所——日本能率協会マネジメントセンター
〒103-6009 東京都中央区日本橋2-7-1　東京日本橋タワー
TEL 03（6362）4339（編集）／03（6362）4558（販売）
FAX 03（3272）8128（編集）／03（3272）8127（販売）
http://www.jmam.co.jp/

装　　　丁——冨澤　崇（EBranch）
本文DTP——株式会社森の印刷屋
印刷・製本——三松堂株式会社

本書の内容の一部または全部を無断で複写複製（コピー）することは、法律で認められた場合を除き、著作者および出版者の権利の侵害となりますので、あらかじめ小社あて許諾を求めてください。

ISBN978-4-8207-2736-1 C3034
落丁・乱丁はおとりかえします。
PRINTED IN JAPAN

図解
食品工場の基本とリスク管理

他社の失敗から学び想定外をなくす

- 組織の倫理観は、その組織の責任者の倫理観を越えることはない
- 企業経営を担う責任者には、高貴な「人間性（コンプライアンスとインテグリティ）」が求められる
- 食品工場は、毎年売上げと利益を増やし続けていかなければならない
- 信頼を築くには長い時間がかかっても、信頼を失うには1つの事故、1つのクレームで十分
- 責任者の人間性は教育しても備わらないが、従業員の倫理観は教育で向上する

河岸宏和 著
● A5判・216ページ

主な目次
第1章　事故・不祥事から学ぶ10の教訓
第2章　顧客に対する53の教訓
第3章　従業員に対する19の教訓
第4章　地域に対する14の教訓

日本能率協会マネジメントセンター